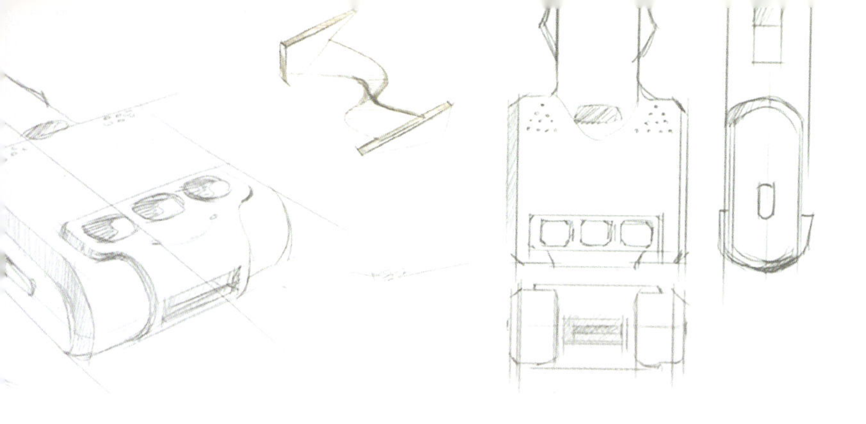

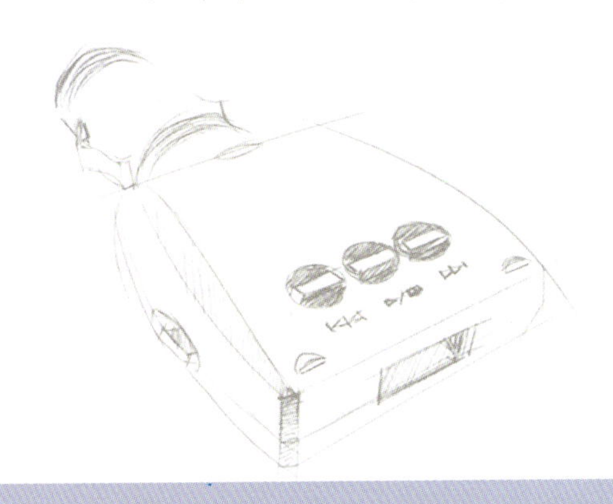

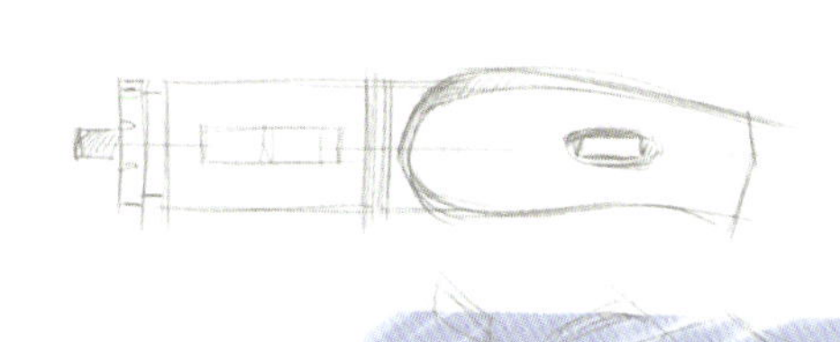

产品创意设计中的电脑手绘表现

product creative design of computer hand-painted performance

叶勇进　编著

中国建筑工业出版社

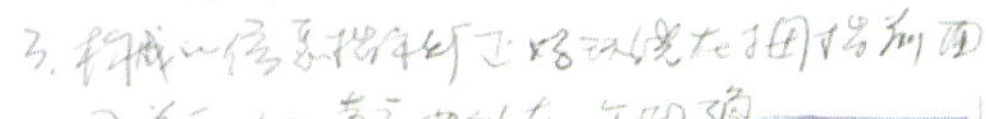

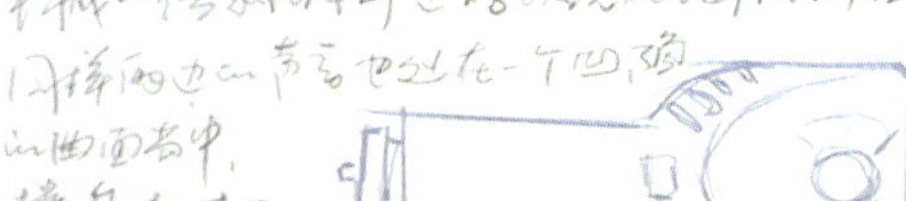

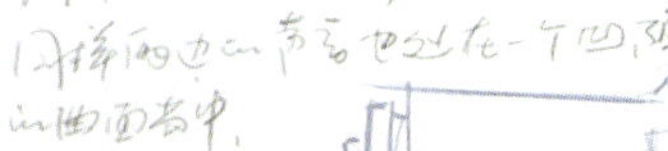

目 录

结构

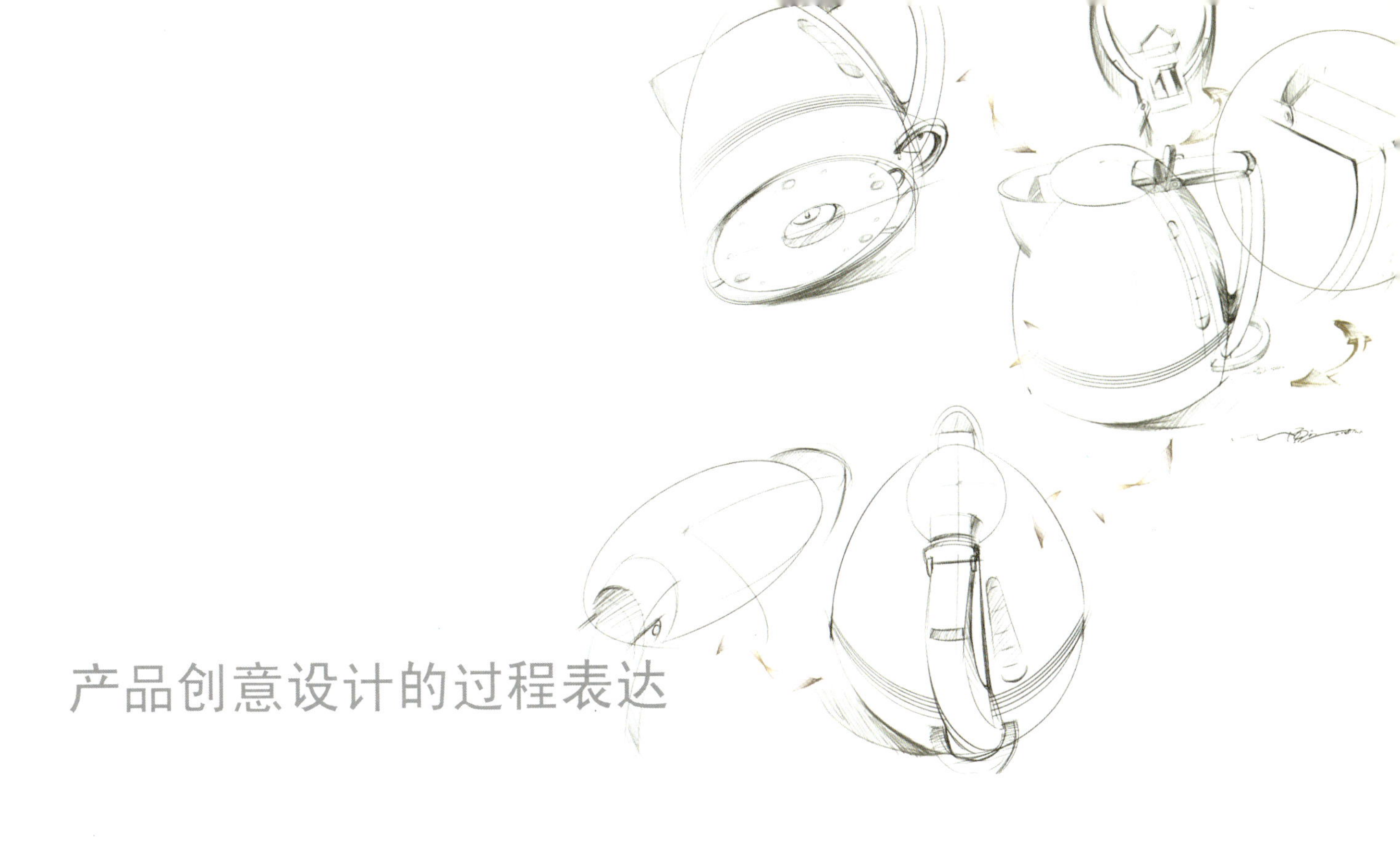

产品创意设计的过程表达

产品创意设计的表达是产品设计的基础语言，是产品设计传达给人的媒介，是将无形的创意转化为有形物质的载体，是产品设计师必须具备的基础能力。这个过程是产品设计师从创意的灵感捕捉，到设计的构思展开，挖掘大脑意识里的艺术形态和元素组合，多角度、多透视、多元素、多节点地延伸设计创意，以淋漓尽致地表达产品设计的语言。

产品创意设计过程表达是通过形态与想象、造型与多变、材质与节点、统一与细节等等，表达产品构思时所呈现的美感，有效地发挥设计师的发散性思维以及快速、丰满、准确的表现能力。

草图形态表现是产品创意设计的核心，通过形态的创意、视觉的判断、产品结构的认知等，寻求更新、更准确的表现效果。提升产品设计就是要解决设计师的思维意识，提升设计师综合基础能力就是要解决设计师的创新问题，所以设计师要更好地学会培养对事物的观察、发现、分析、判断、挖掘、优化，以多角度、多元化地丰富创意的能力；要学会美感的标准尺度、颜色搭配以及形态美感是如何通过一件物，一个图像，一个信息的不同基础元素，有机结合成为一个有价值的可塑形态，最终赋予了创新的效果；要学会应用有效的方法、技能，灵活的思维，捕捉身边、自然界、生活中有借鉴价值的资源，有目的地塑造出完美的产品草图形态。

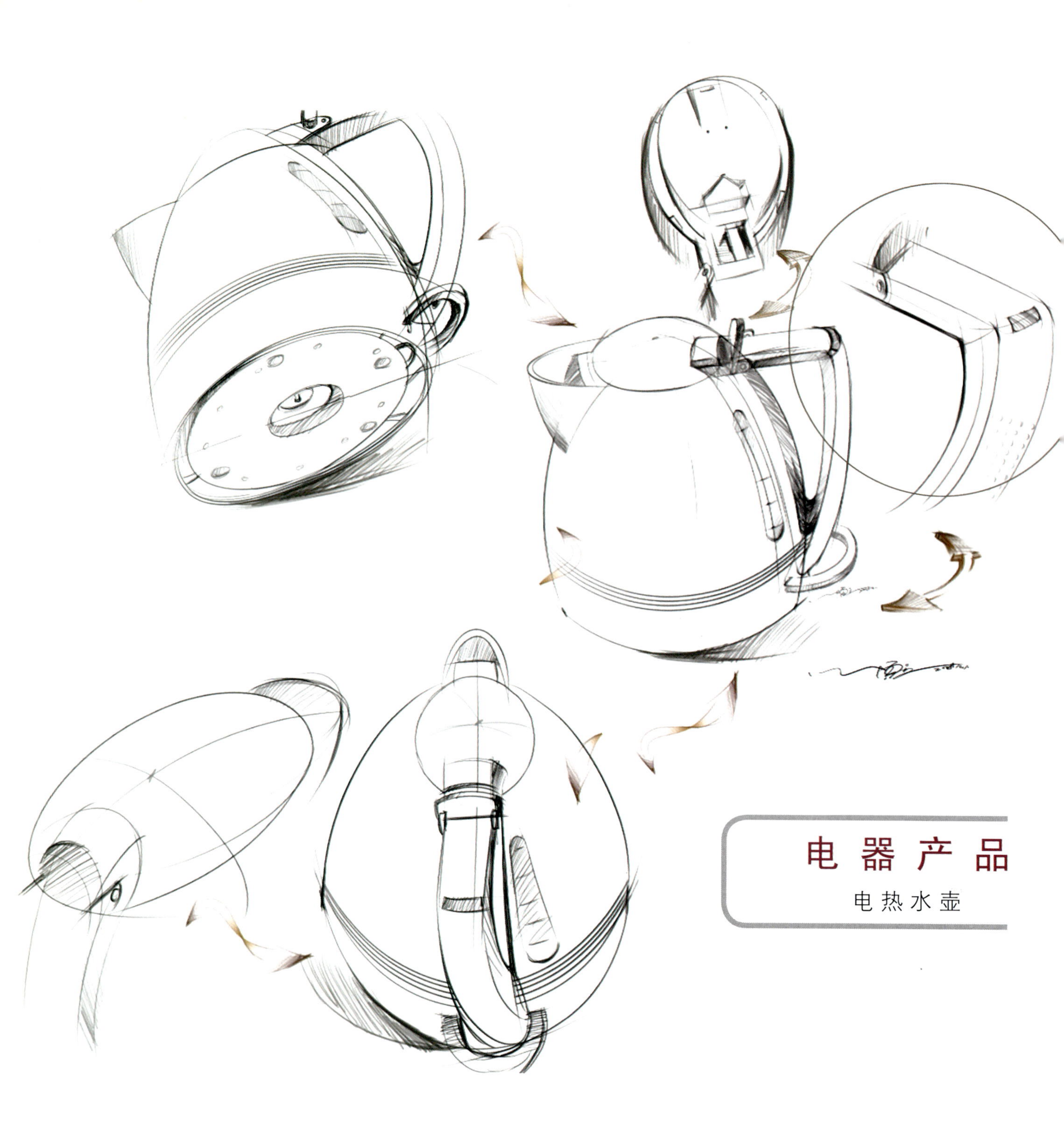

电器产品

电热水壶

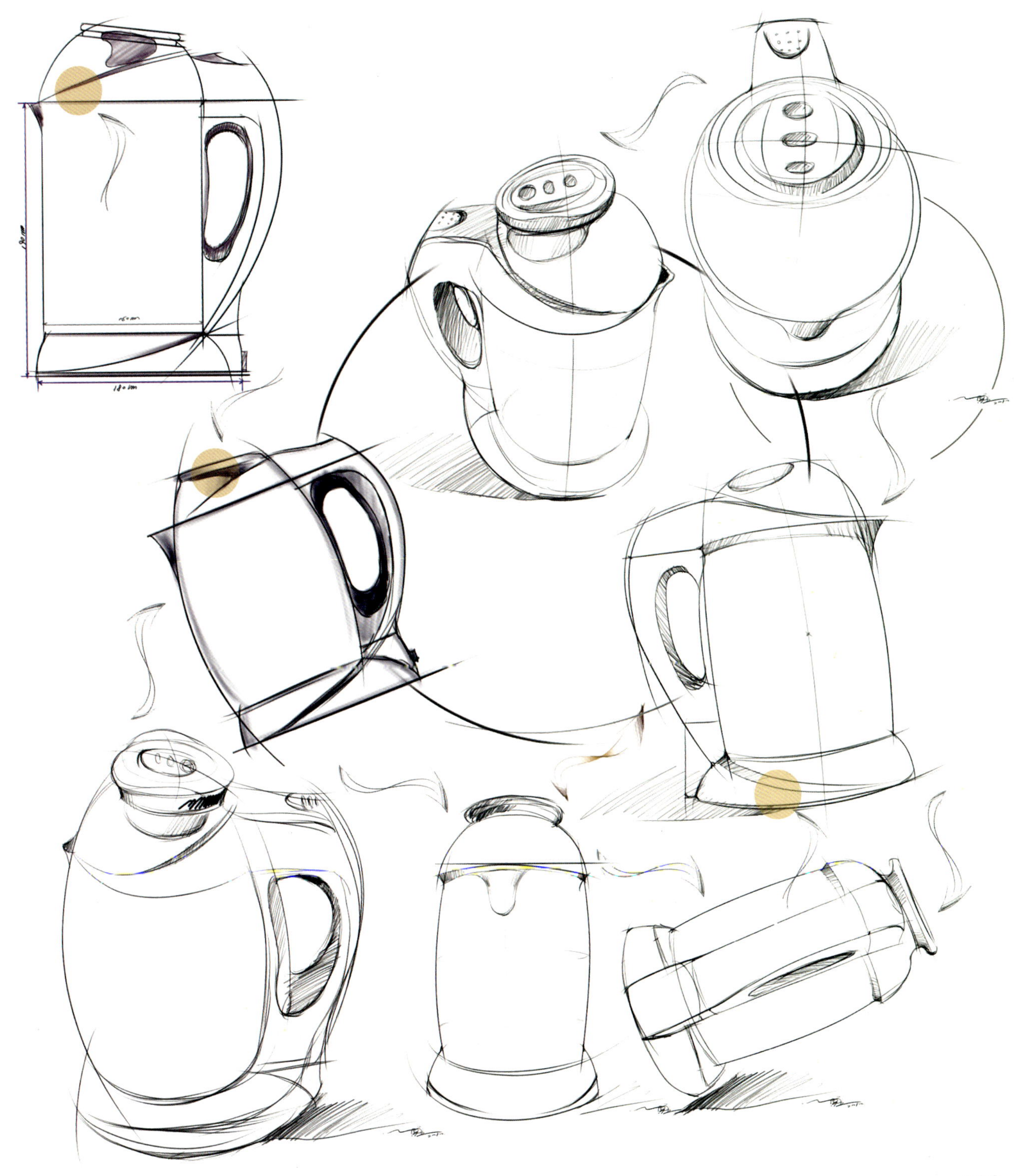

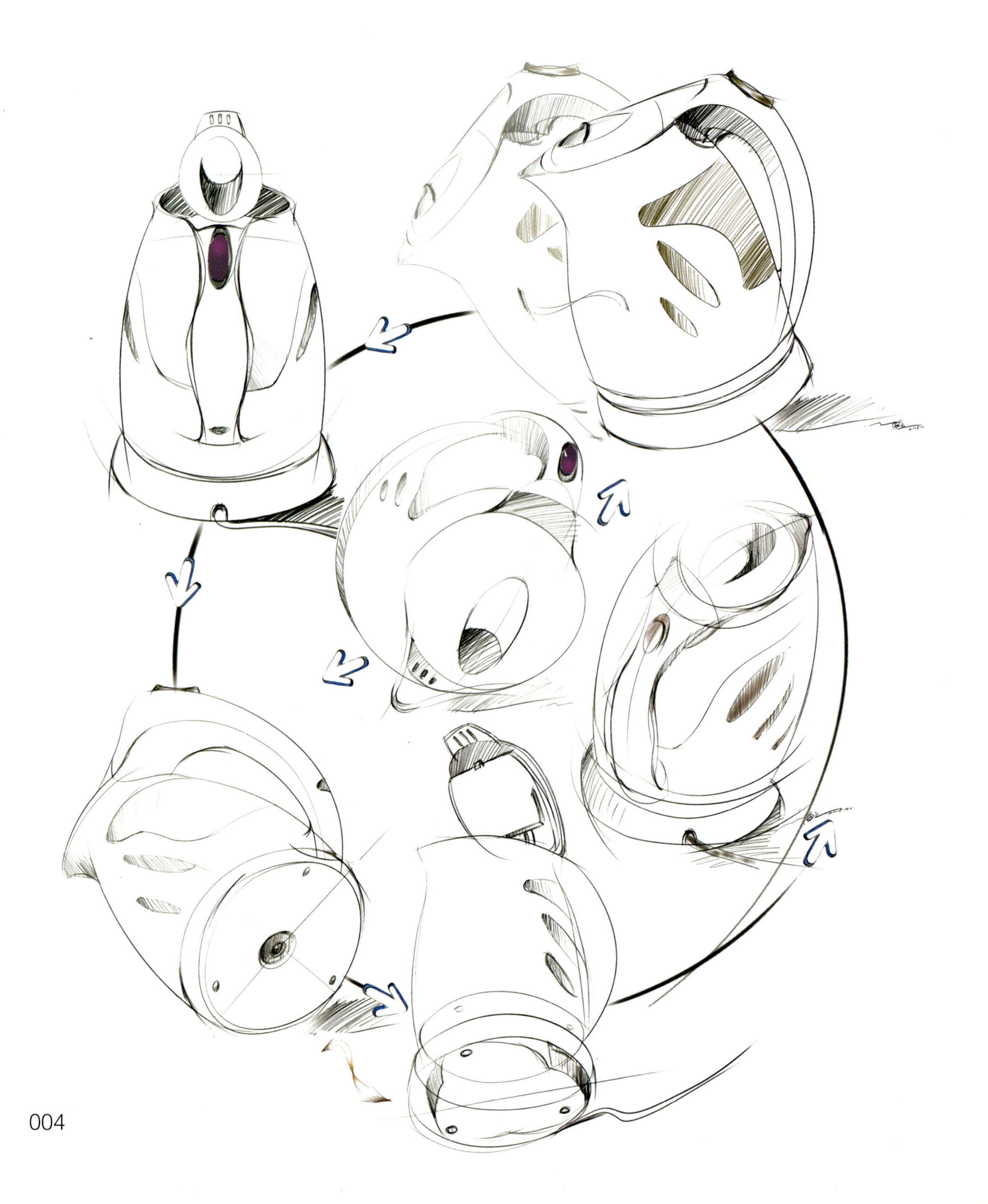

LED背光显示
单体式手柄，显得方便
轻巧
人体防滑握柄设计
电源接口

电器产品

全自动烹饪锅

b3
造型简单，开模省钱，成本低
b4

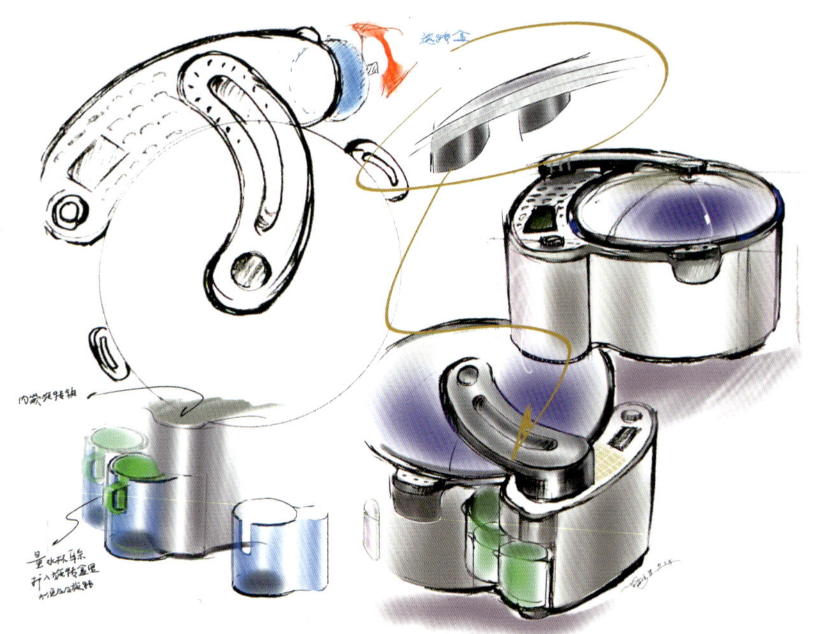
内嵌旋转轴

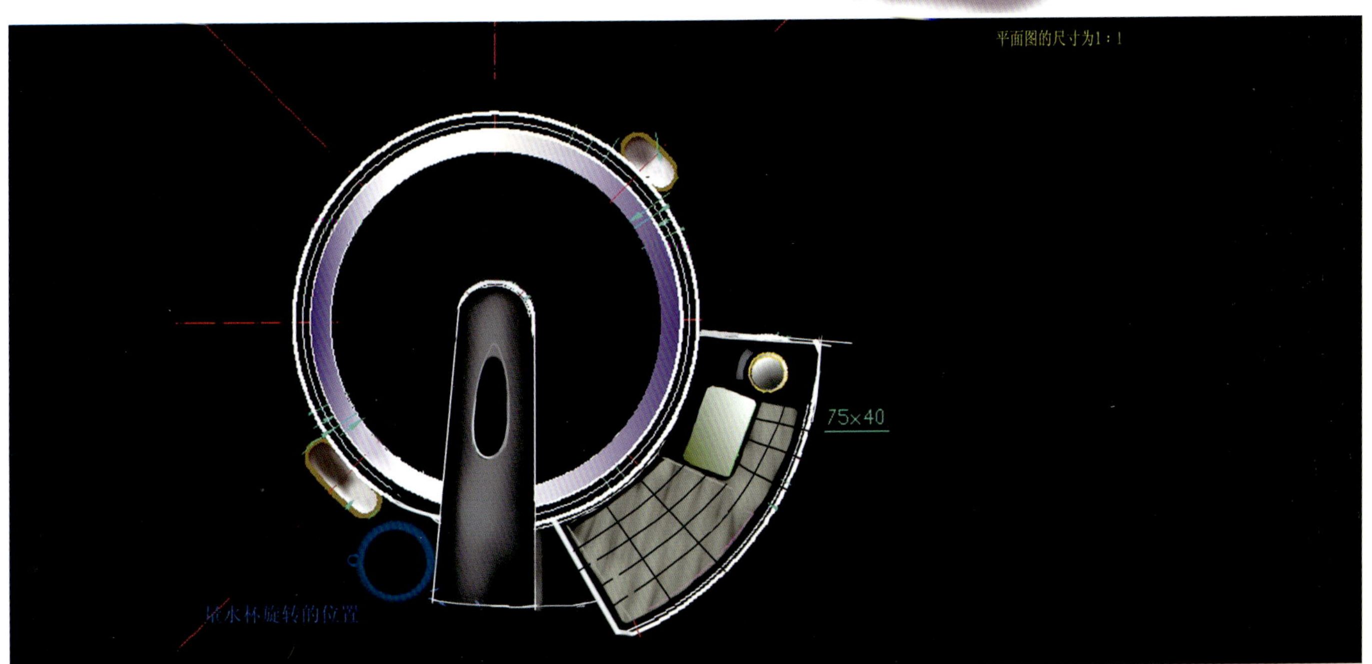
平面图的尺寸为1：1
75×40
量水杯旋转的位置

设计分析
·把手与锅沿设计为一个整体
·固定在锅胆边缘上
·锅胆与塑料锅身分开
·方便加工生产，也方便使用者操作
·水槽流水到把手内，沿着塑料边缘流到锅胆内侧再进入接水盒

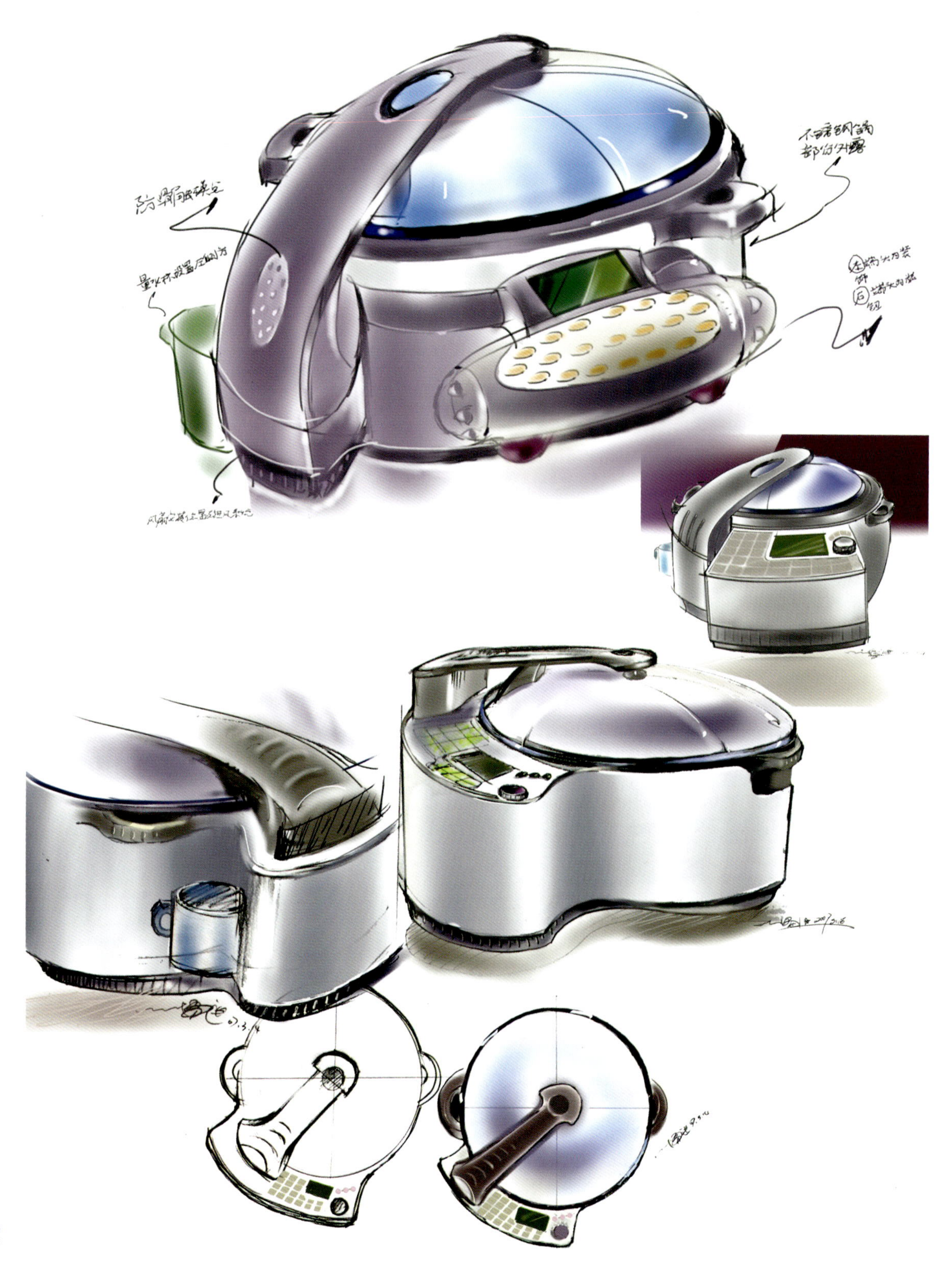
不锈钢内锅部份外露

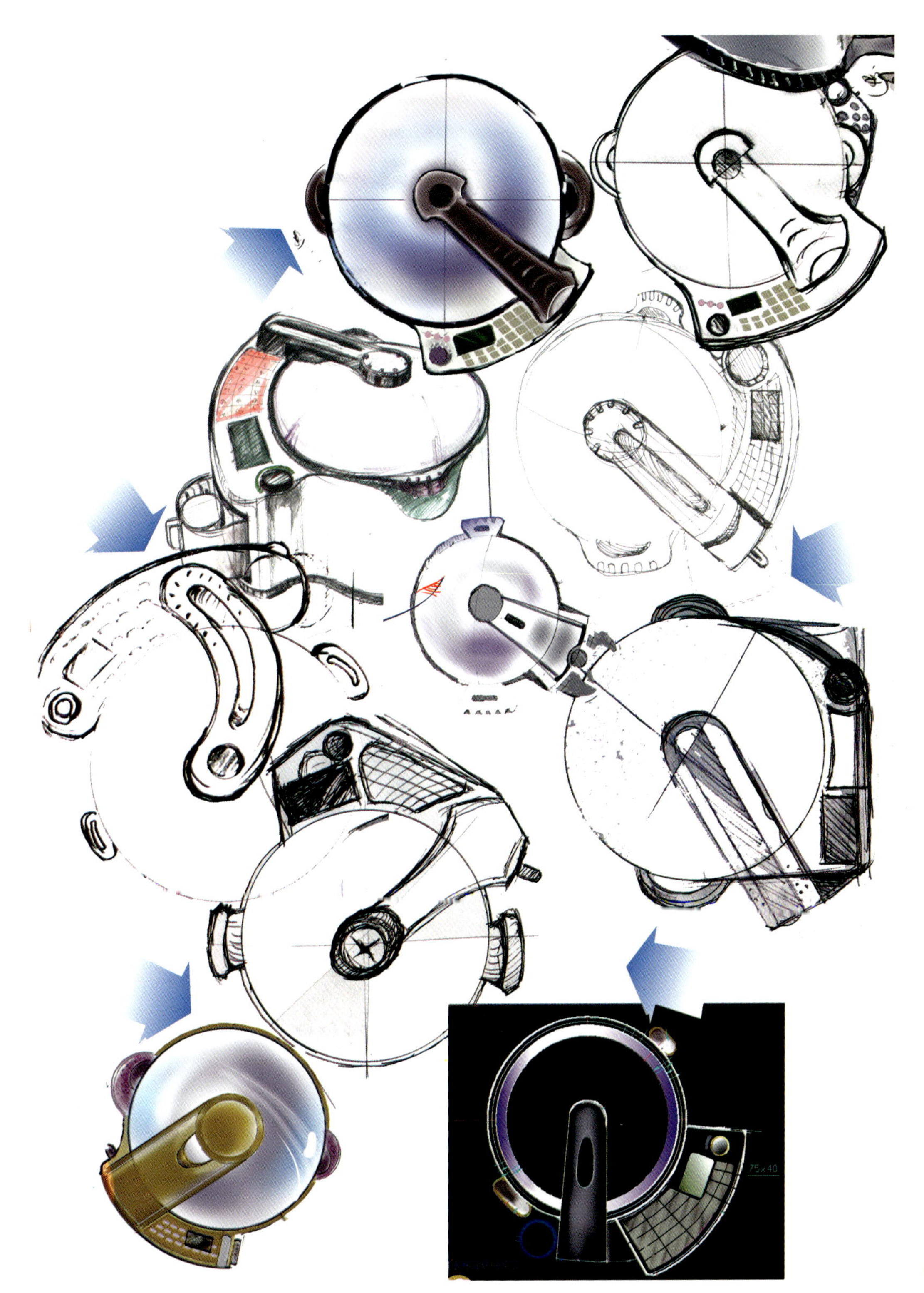

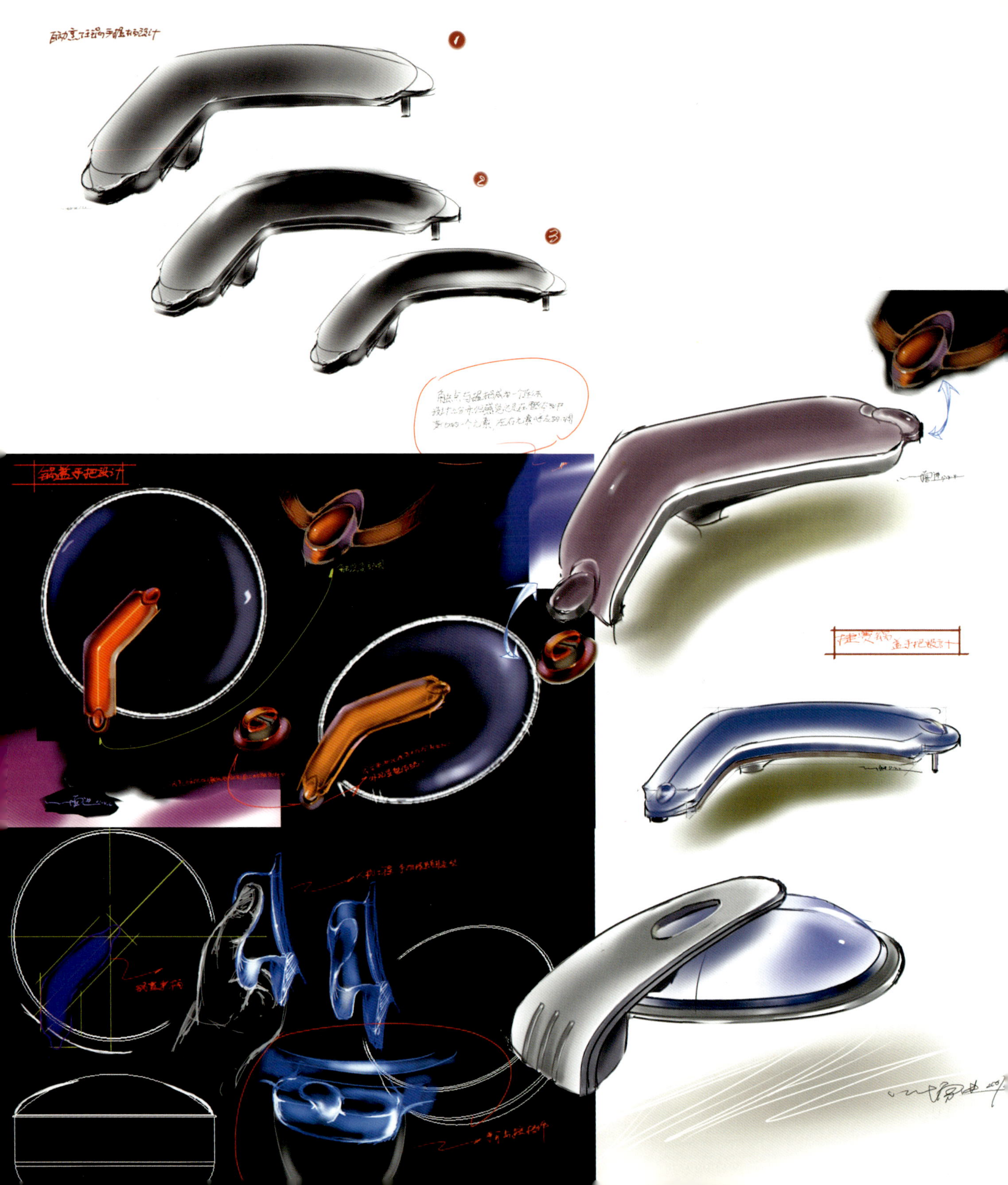
1
2
3
锅盖手把设计

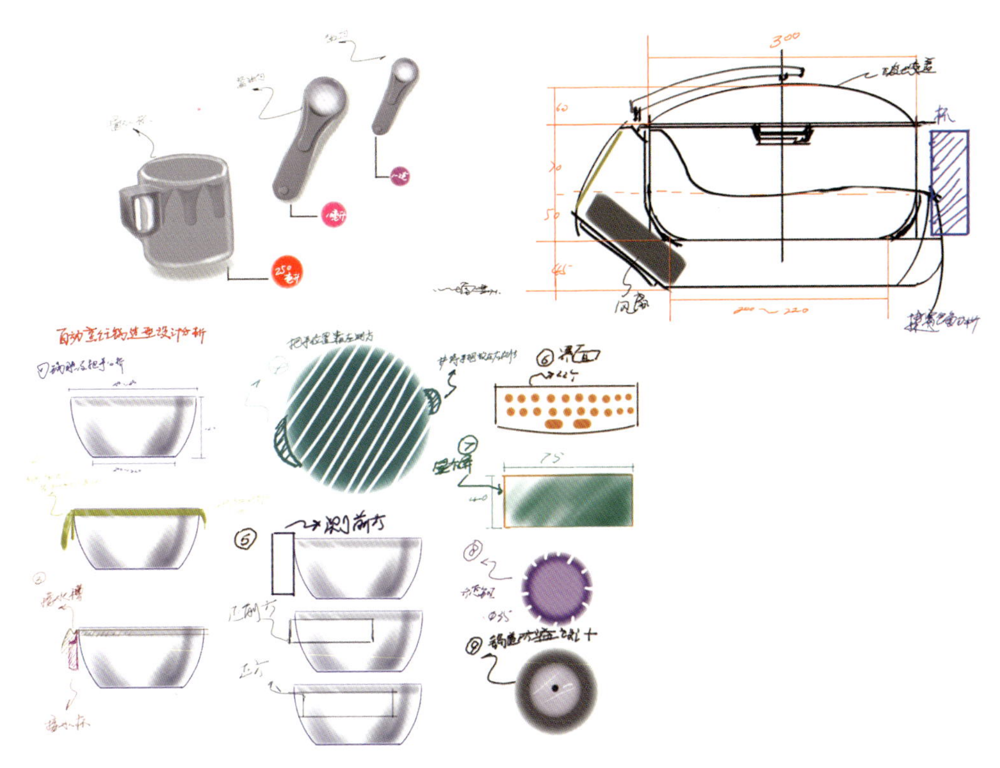
300
风扇
200～220

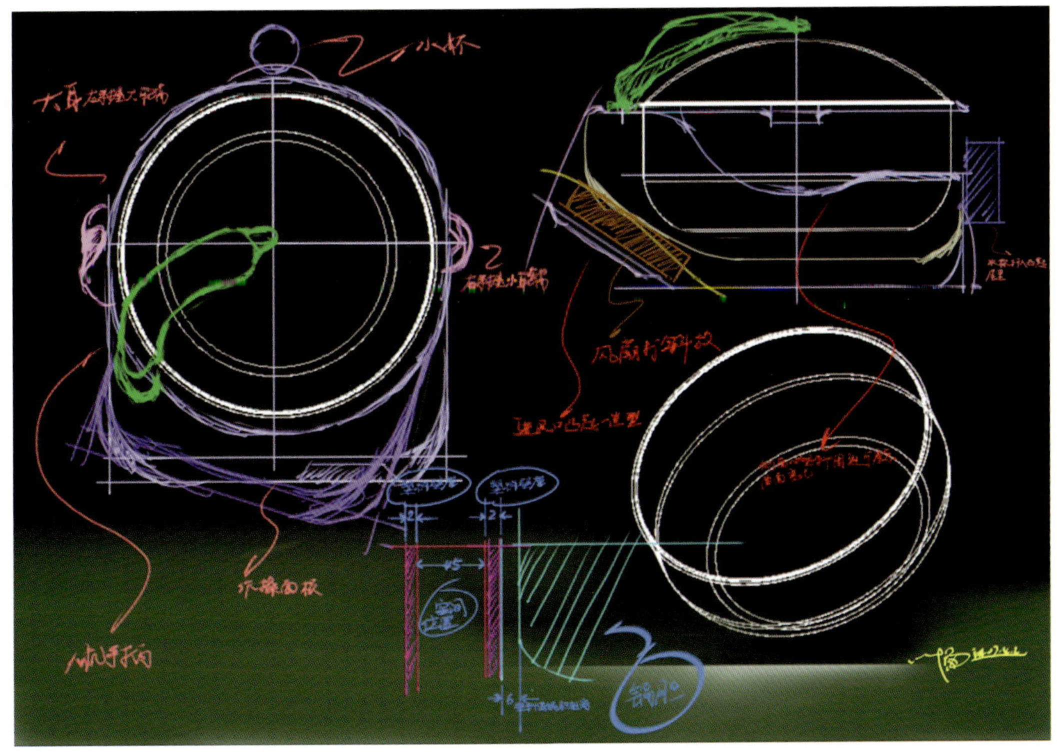
小杯

电器产品
压力锅

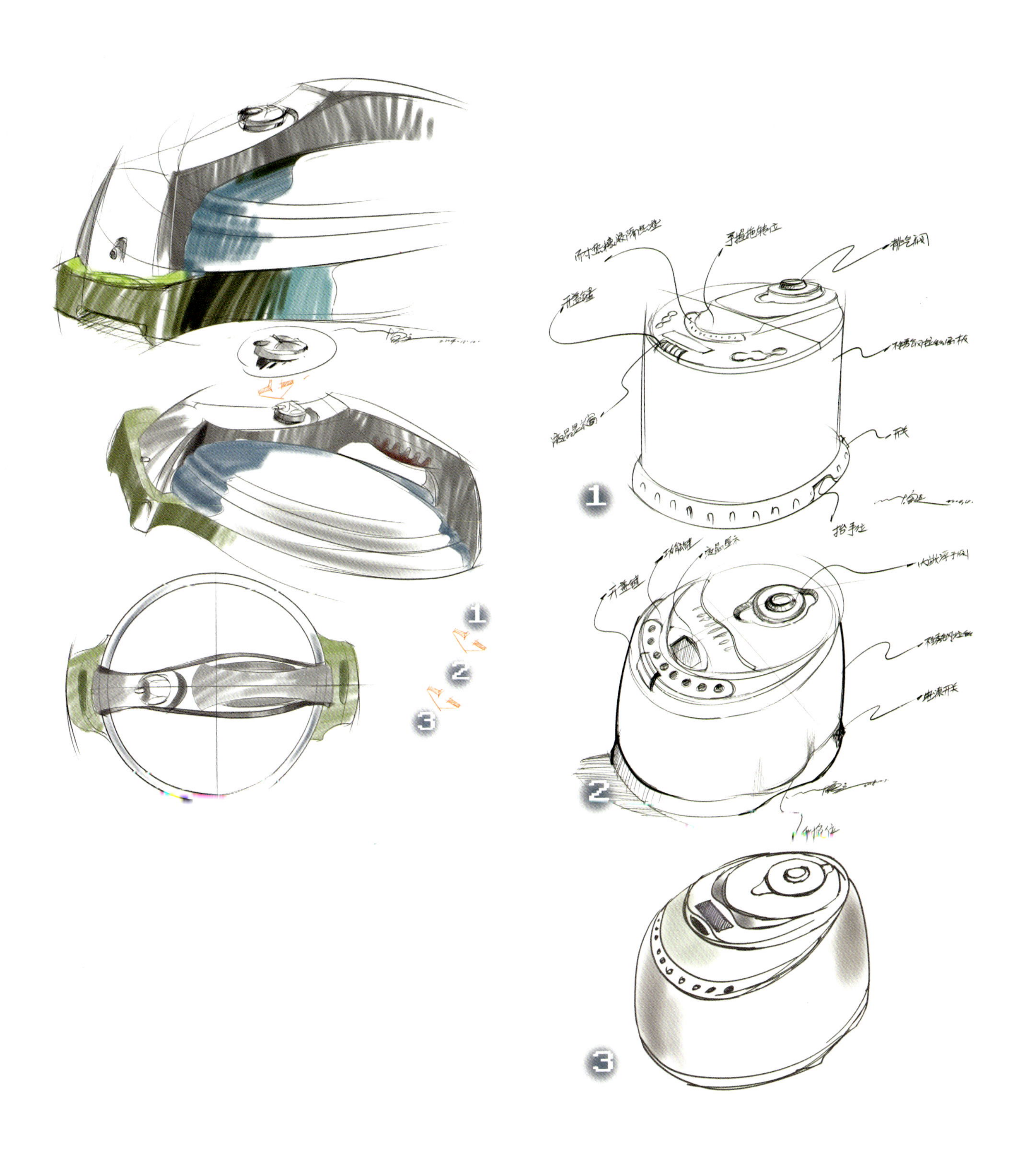
1
2
3
排气阀
开盖键
开关
1
2
3

1. 该款设计严格依据人体工程学原理，在展现产品的各种使用功能和形态的同时充分保证设计元素符合人的使用行为及产品本身的结构安全原理
2. 强烈的视觉外观差异和优美的流行曲面和曲线的交叉，整个功能形态的变化中显得丰富内涵秀气
3. 操作界面显得高贵，犹如“宝马”“奔驰”般的气势十分诱人
4. 给人以十分高科技含量的感觉，大大增加产品的附加值

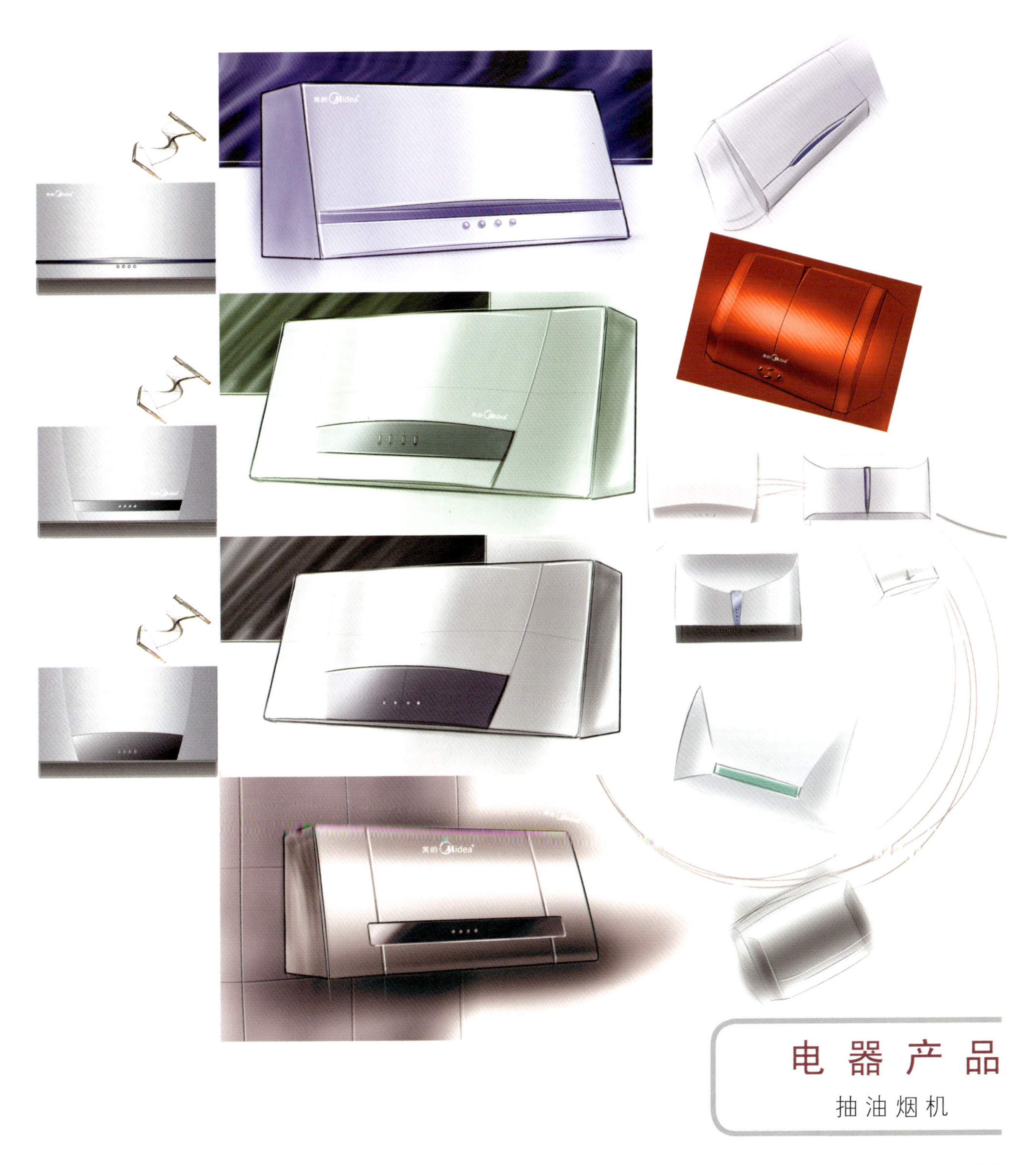
美的 Midea
美的 Midea
美的 Midea
美的 Midea

美的 Midea
美的 Midea
美的 Midea
美的 Midea

材料采用烤漆
Midea
材料采用不锈钢
Midea

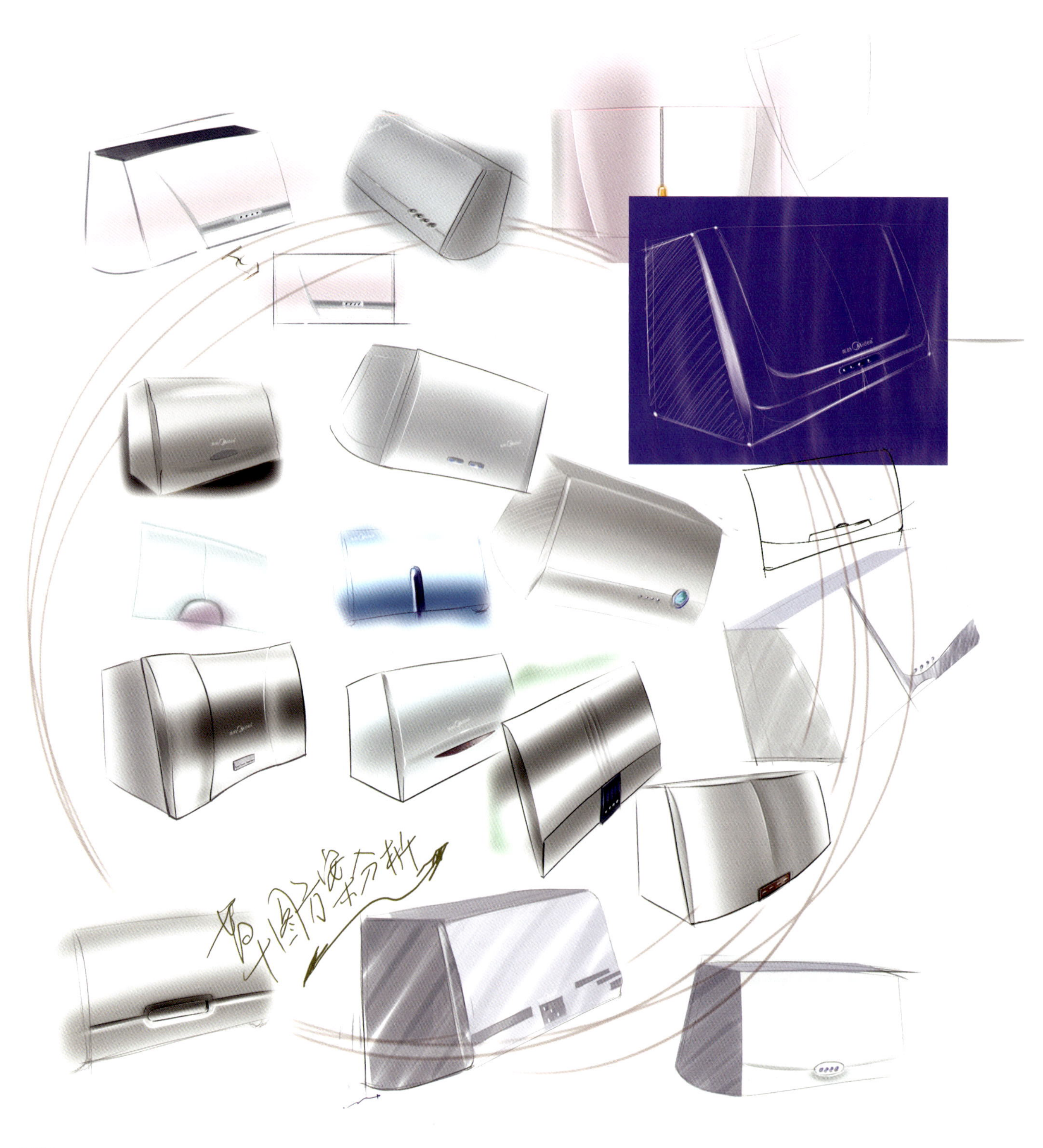

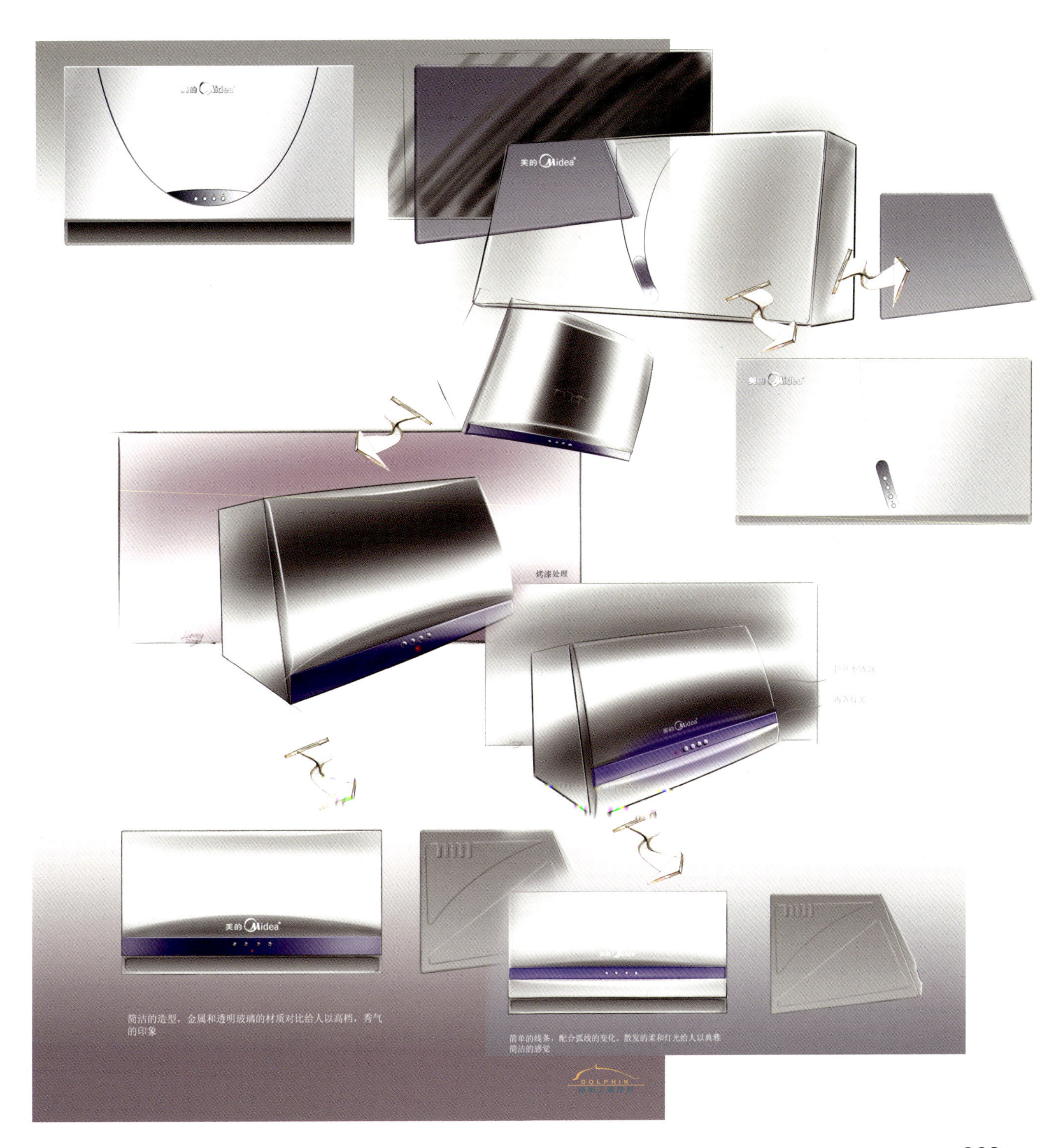
美的 Midea
美的 Midea
美的 Midea
烤漆处理
内置灯光
美的 Midea
美的 Midea
简洁的造型，金属和透明玻璃的材质对比给人以高档，秀气的印象
简单的线条，配合弧线的变化。散发的柔和灯光给人以典雅简洁的感觉
DOLPHIN

电 器 产 品

榨 汁 机

富有力度和美感的曲线在优美的交错中隐含着高雅的品位和格调，该产品以亮丽的不锈钢和手感柔和的黑色塑料作为主色调；指示灯，电源开关，水位柱的红，黄，蓝三种颜色在整体中起到画龙点睛的作用
形态体现了一股绅士风格和气质；摆在眼前的不是一个水壶，而是一件能打动人的，能和人沟通的至爱

它——古今并存，中西合璧：
简约和独特的形态组合让人眼前一亮，以一种全新的形态跃入眼帘

富有力度和美感的曲线隐含着高雅：
亮丽的不锈钢和手感柔和的黑色塑料体现了一股绅士风格和气质，橘黄色的点缀使水壶在庄严典雅中不失活泼

电 器 产 品

水 式 吸 尘 器

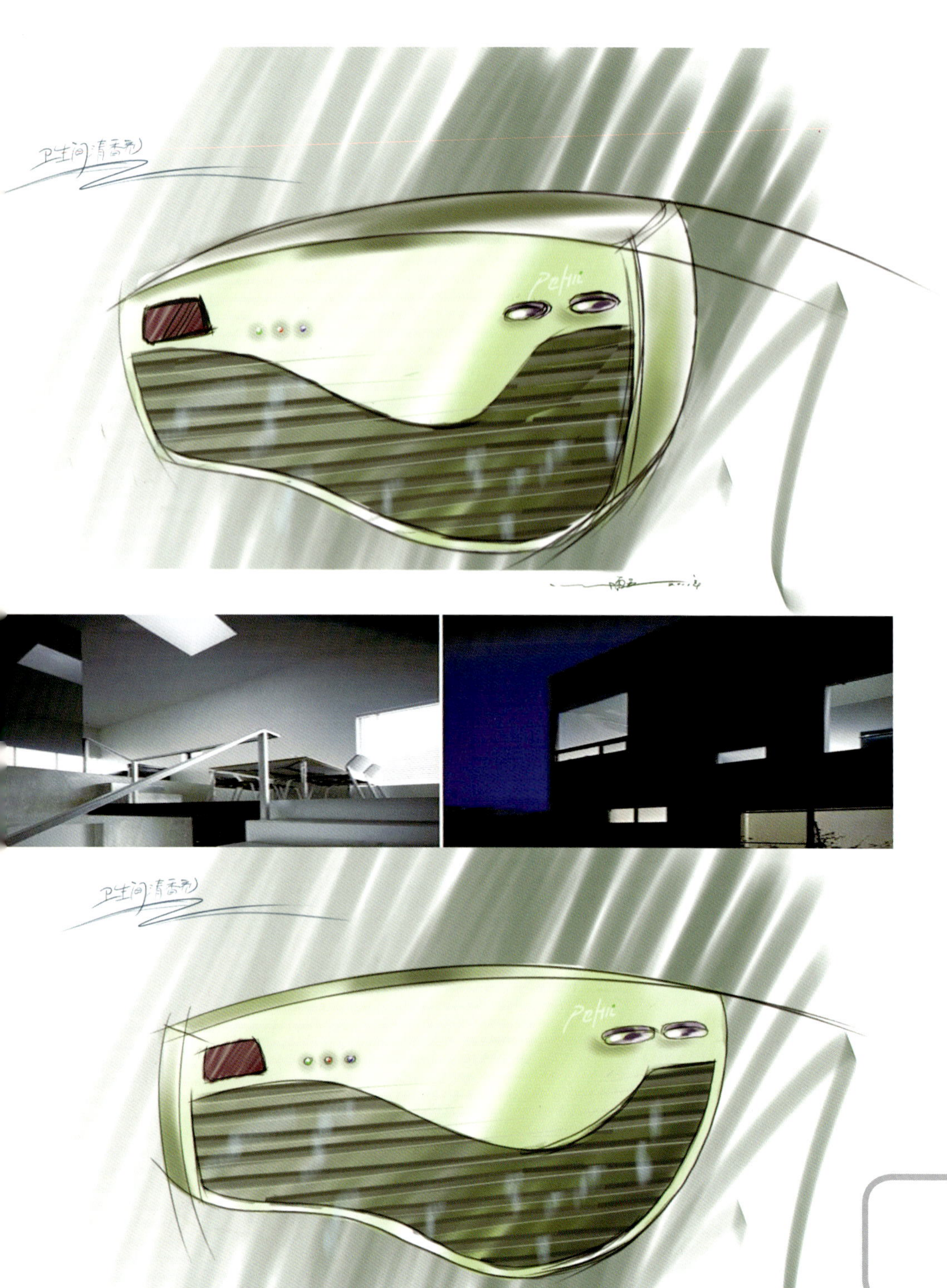

电器产品

超声波清香器

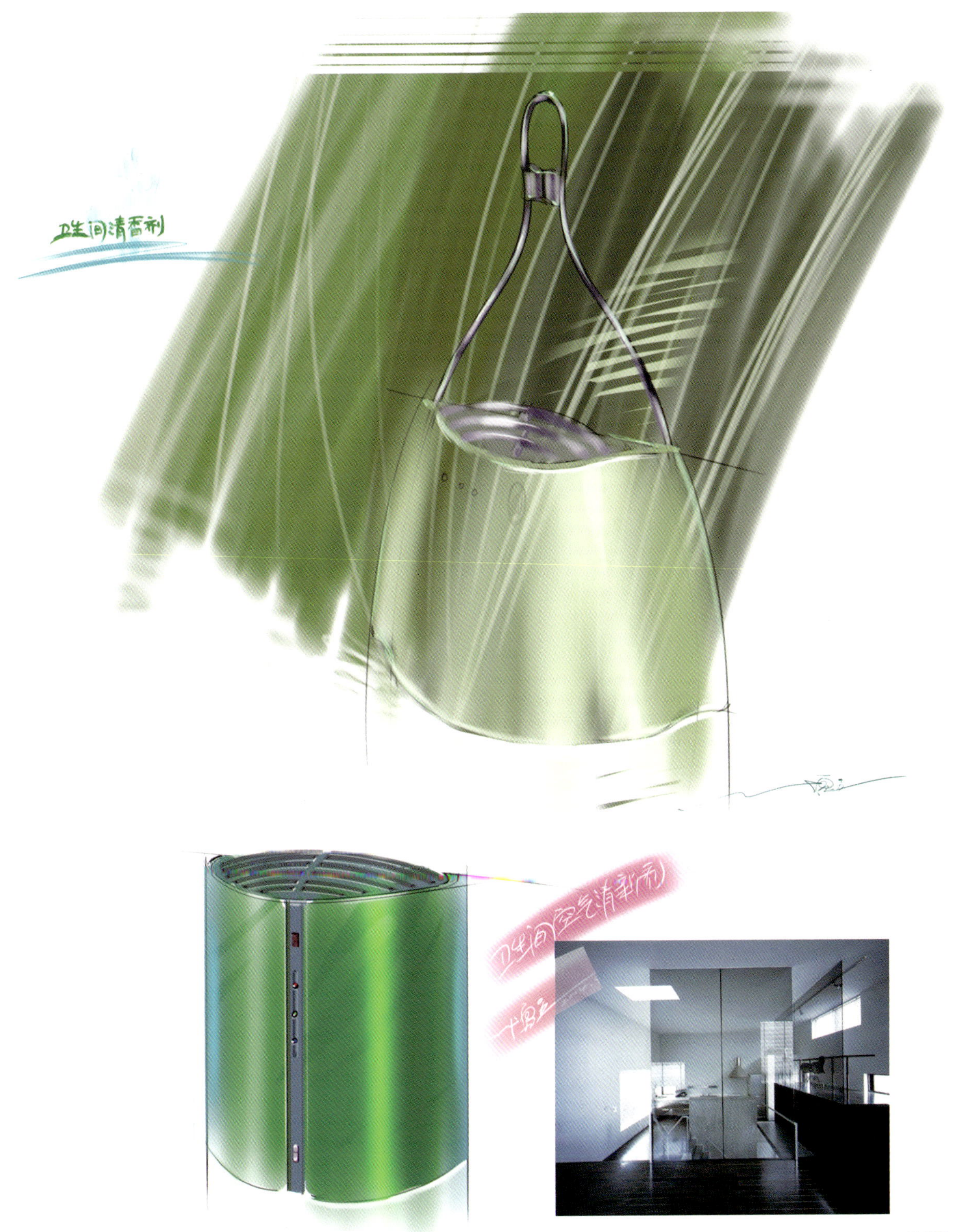
卫生间清香剂
卫生间空气清新剂

仿汽车形 空气清新器

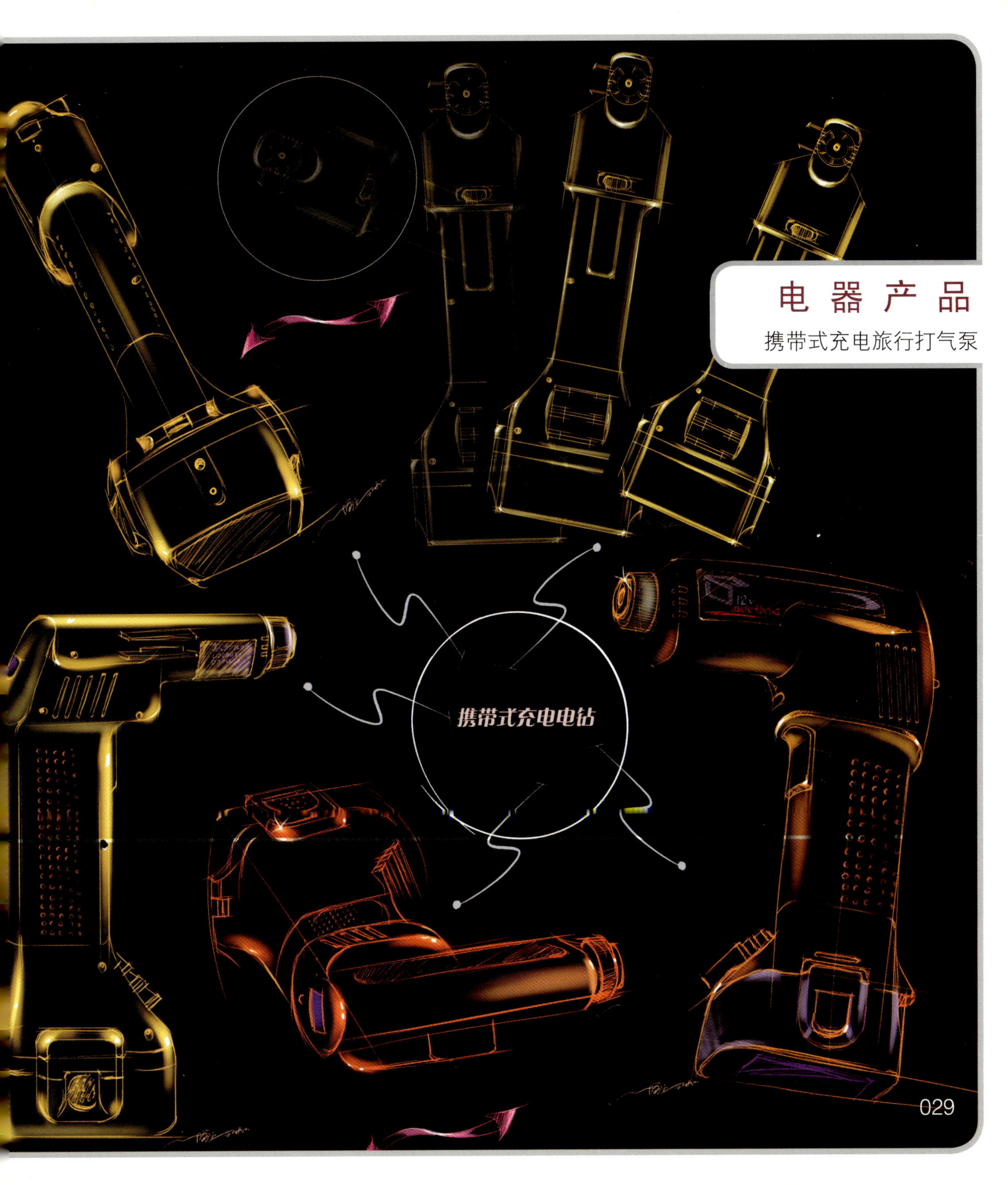

电 器 产 品

携带式充电旅行打气泵

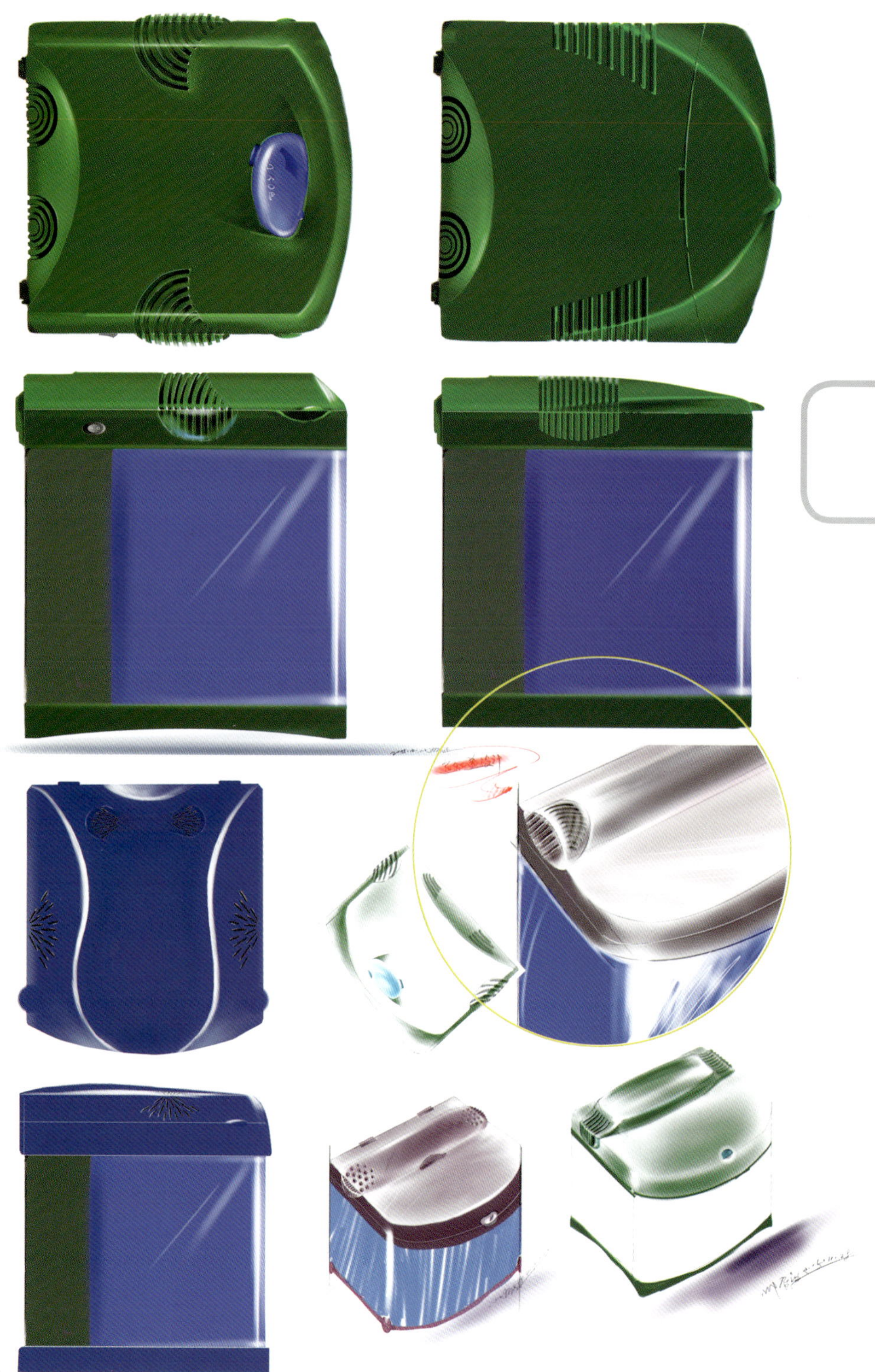

电 器 产 品

水族箱

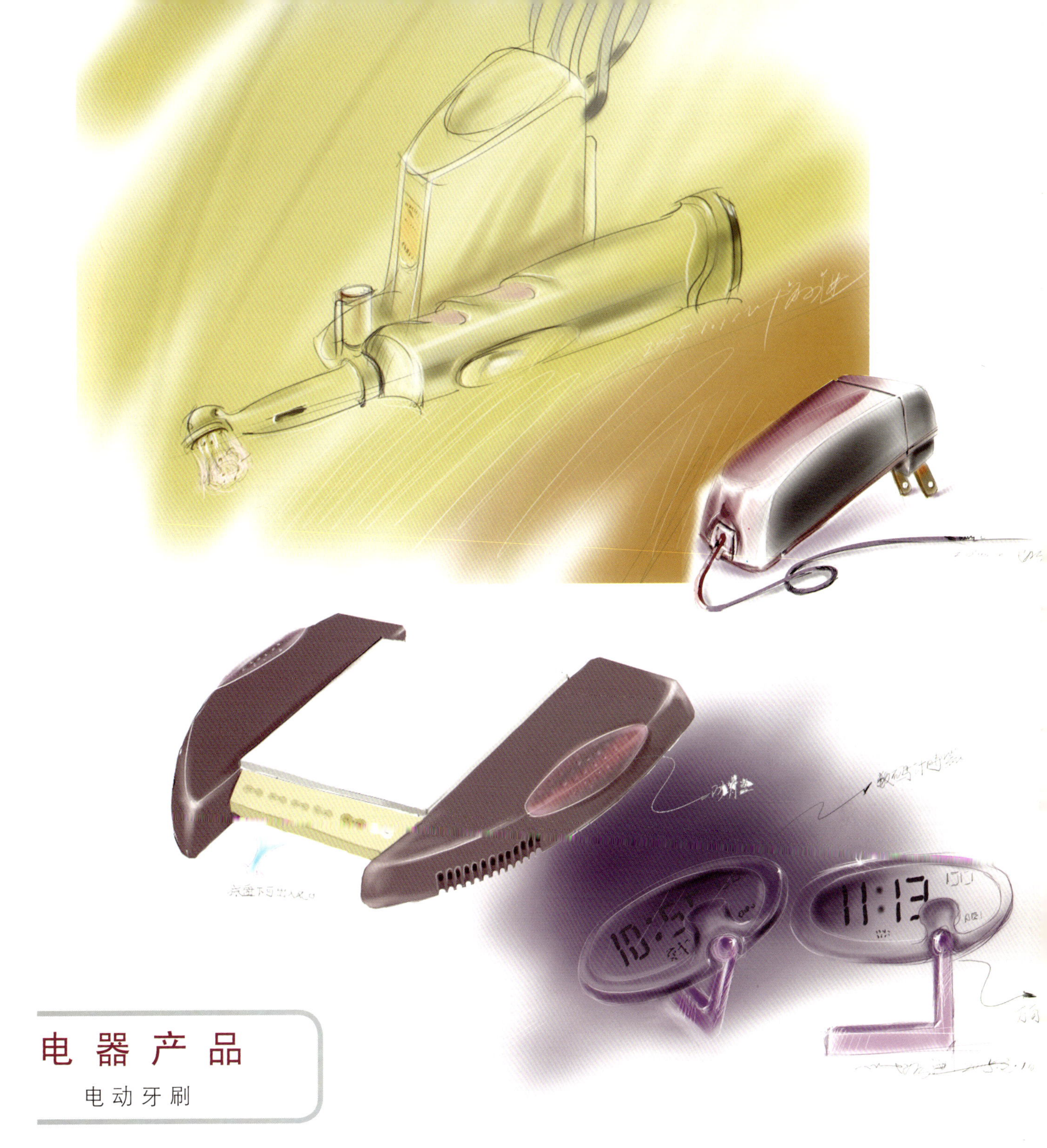

电 器 产 品

电动牙刷

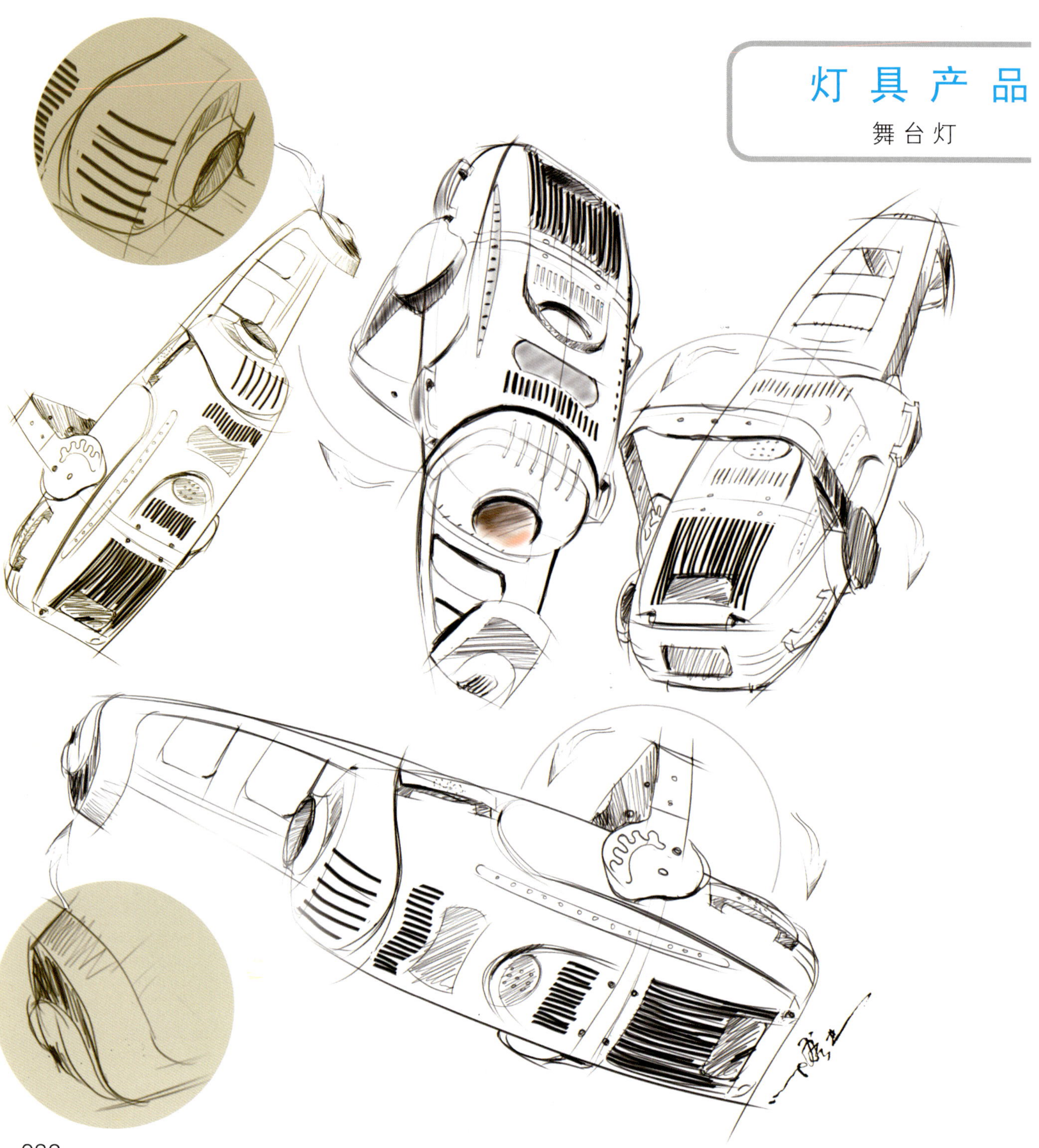

KONOR
KONOR
KONOR

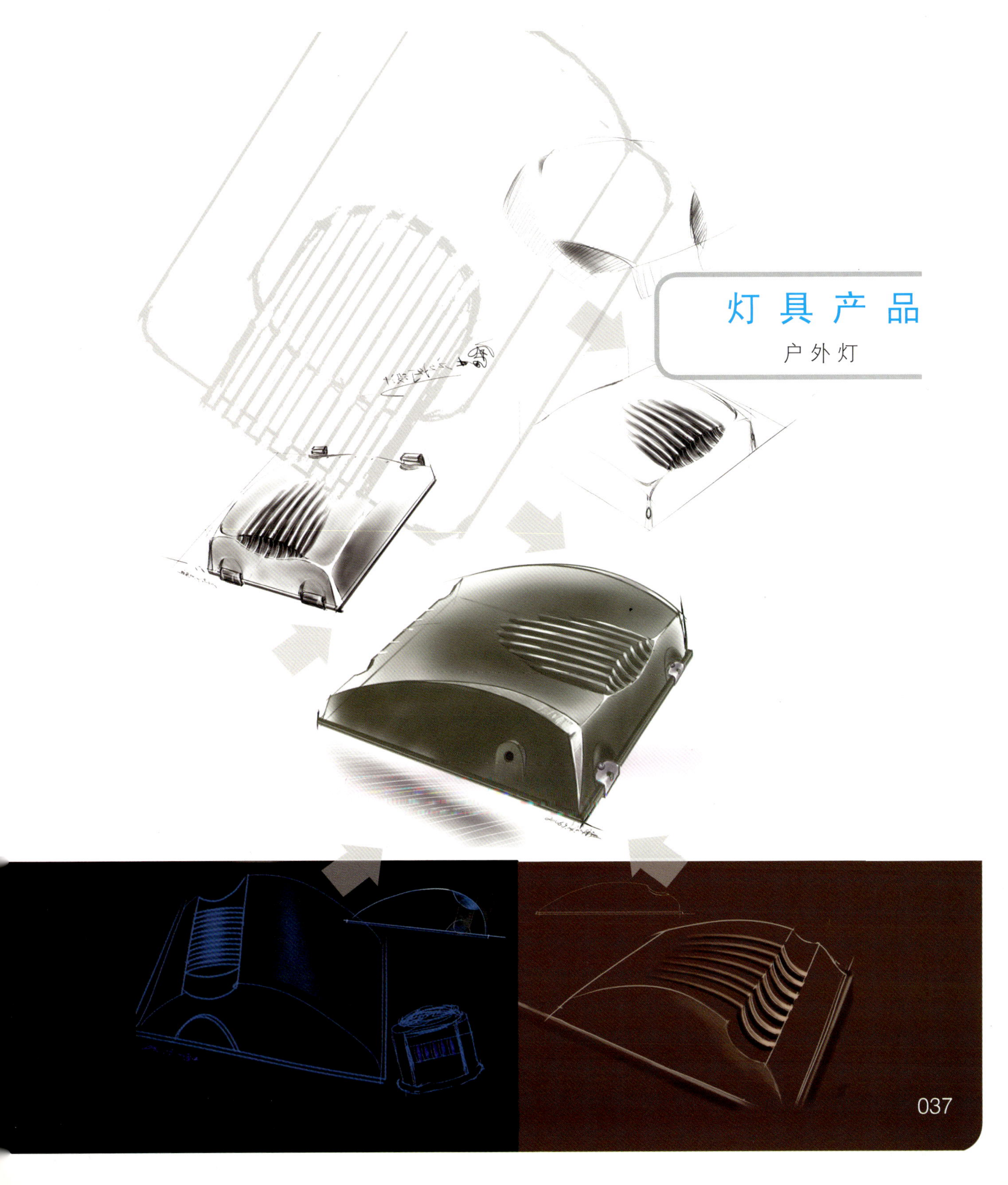

灯具产品

户外灯

灯具产品

泛光灯

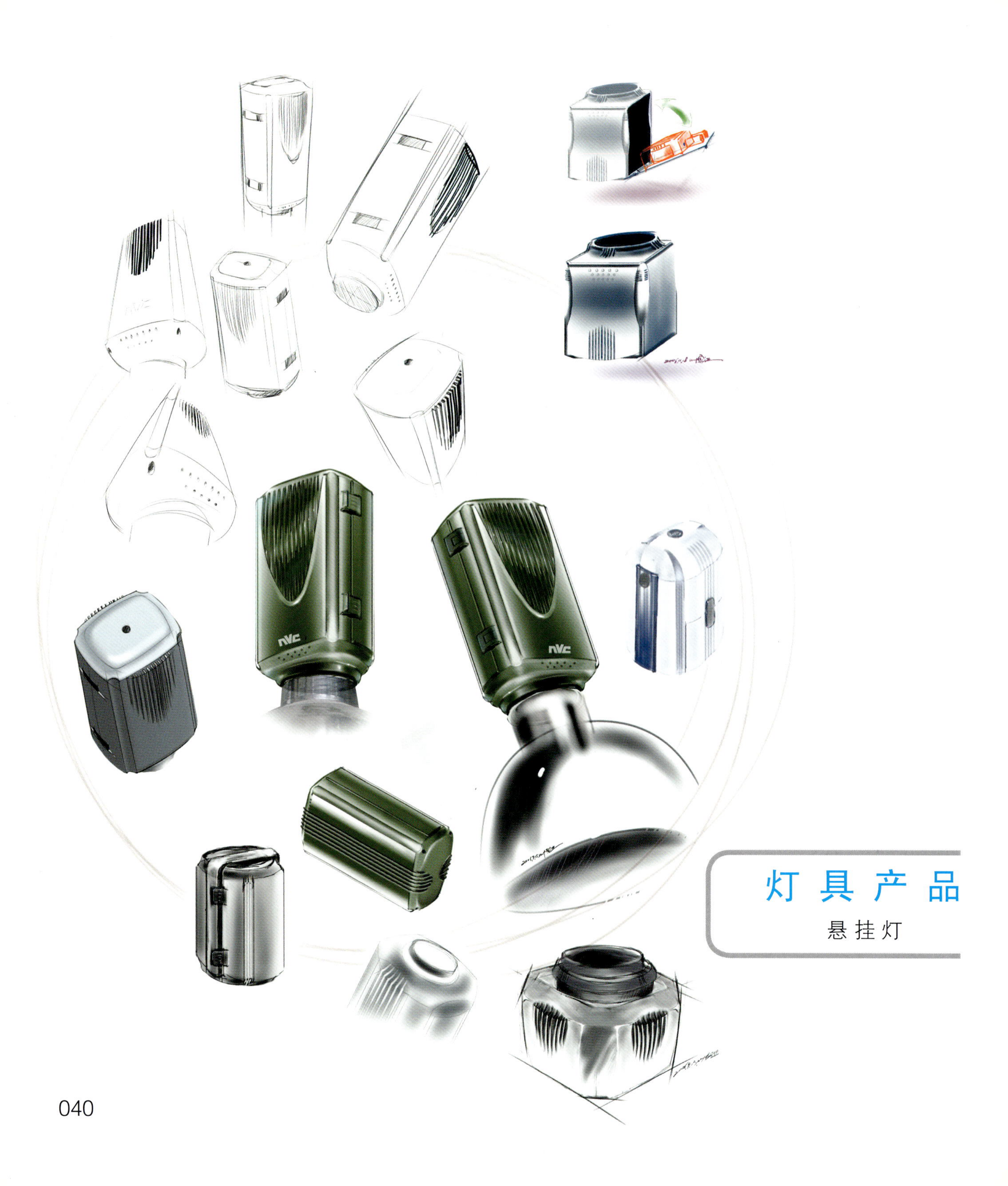

灯具产品

悬挂灯

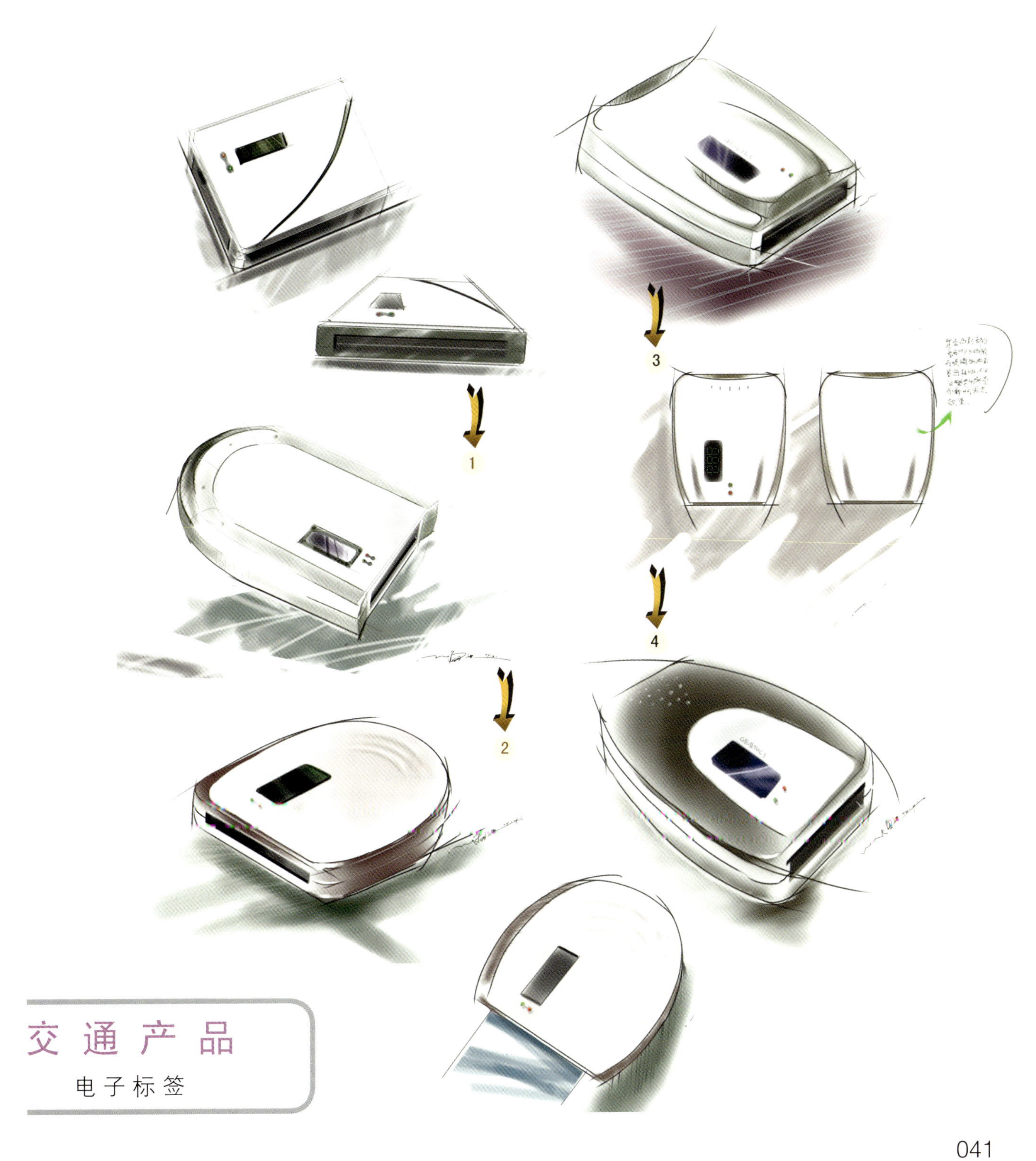
1
2
3
4

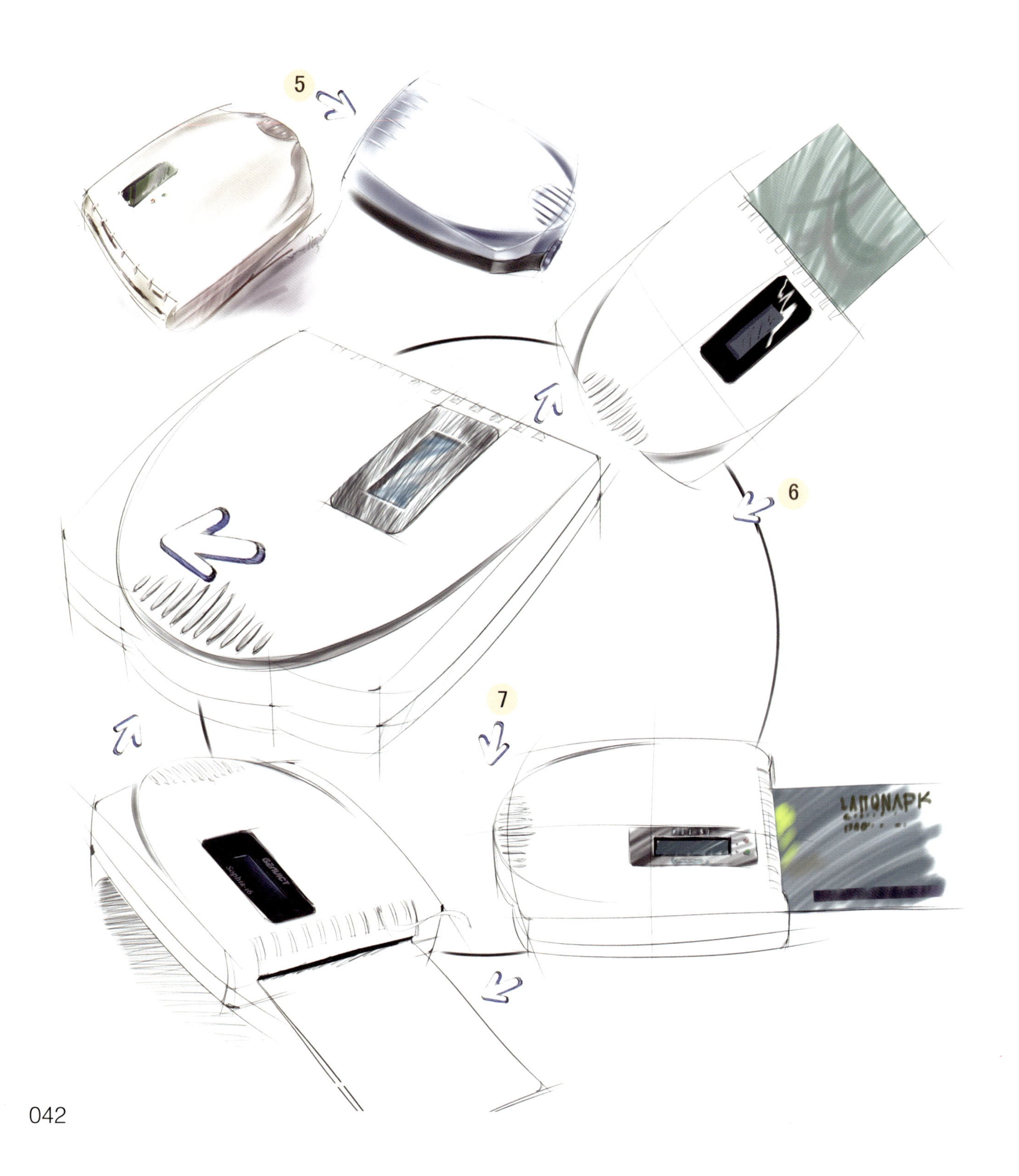
5
6
7

前
左
正
右
尾
背
立

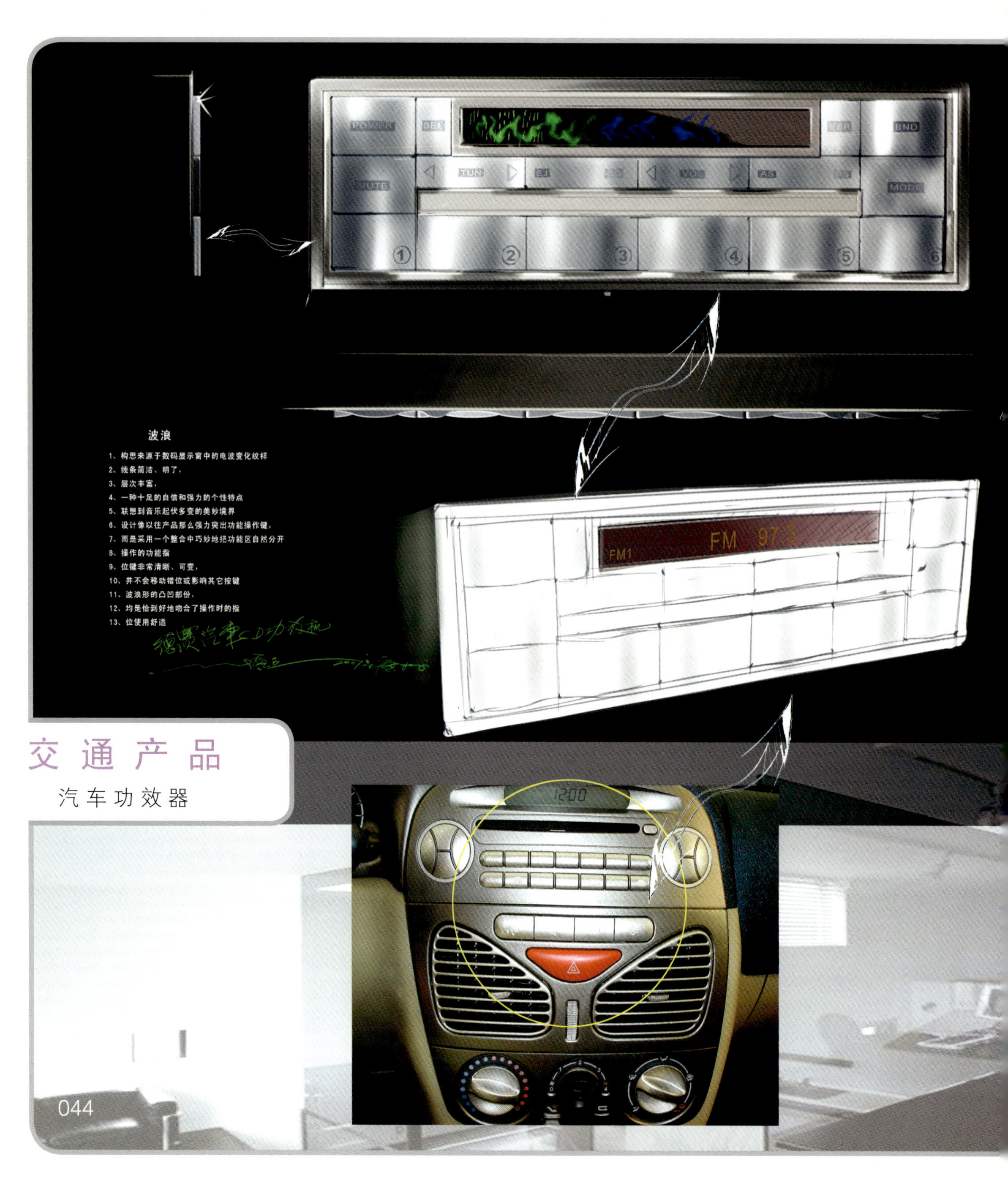

波浪

1、构思来源于数码显示窗中的电波变化纹样
2、线条简洁、明了，
3、层次丰富，
4、一种十足的自信和强力的个性特点
5、联想到音乐起伏多变的美妙境界
6、设计像以往产品那么强力突出功能操作键，
7、而是采用一个整合中巧妙地把功能区自然分开
8、操作的功能指
9、位键非常清晰、可变，
10、并不会移动错位或影响其它按键
11、波浪形的凸凹部份，
12、均是恰到好地吻合了操作时的指
13、位使用舒适

交通产品

汽车功效器

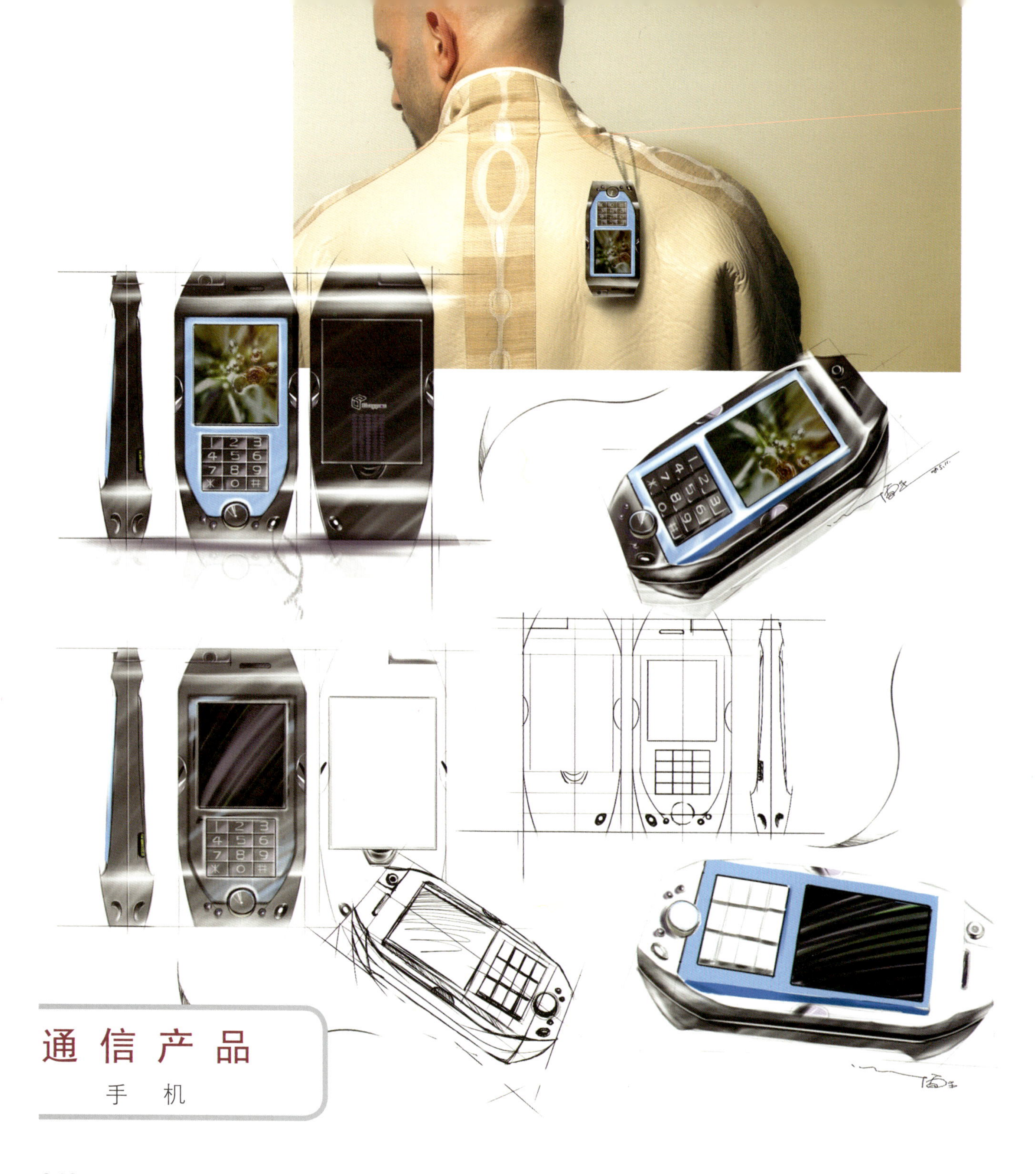

通 信 产 品

手　机

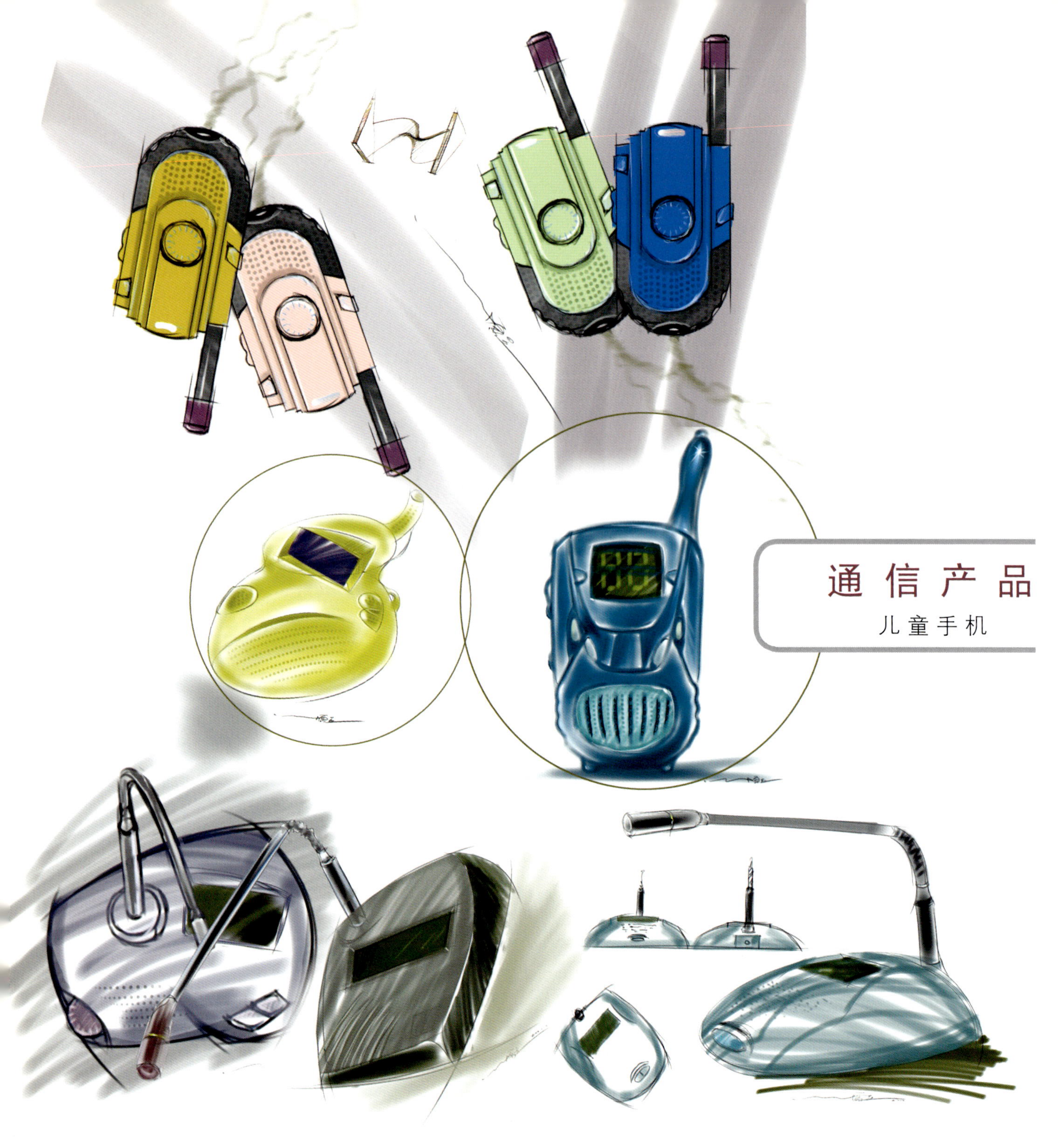

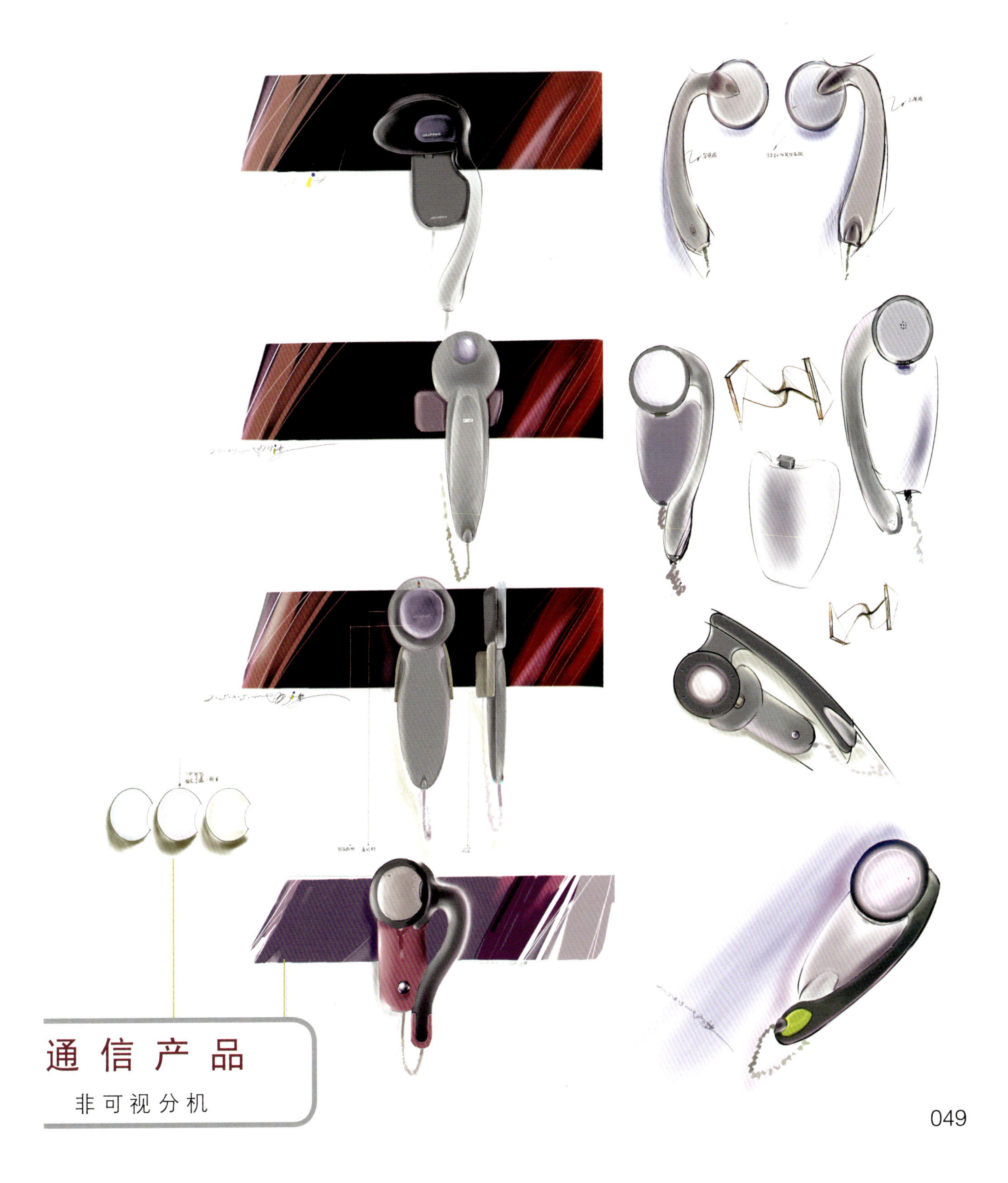

通信产品

非可视分机

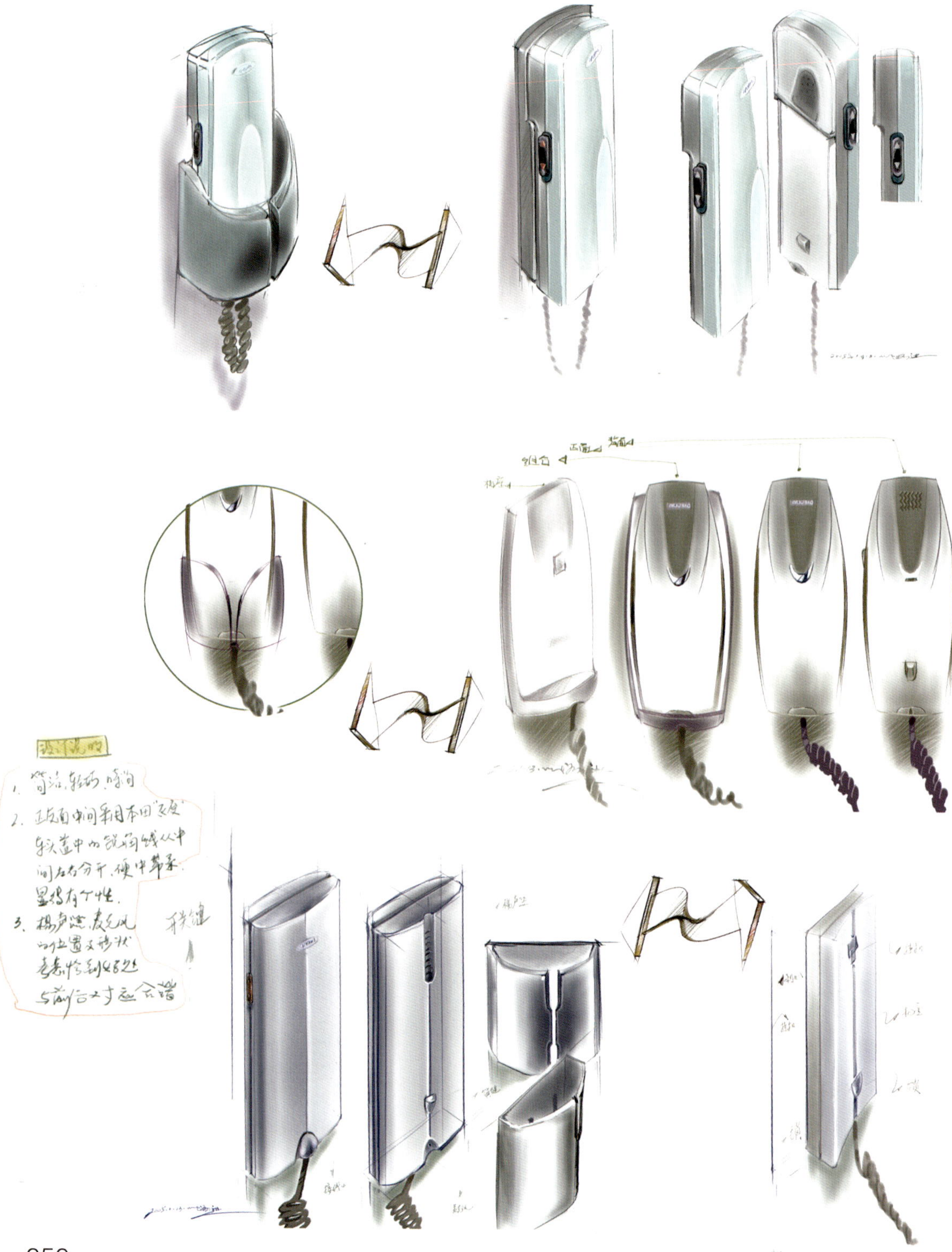
设计说明
1. 简洁、轻巧、时尚
2. 正反面中间采用本田"飞度"车头盖中的设计线从中间左右分开，使中间显得有个性。
3. 扬声器、麦克风的位置及形状考虑恰到好处
开关键

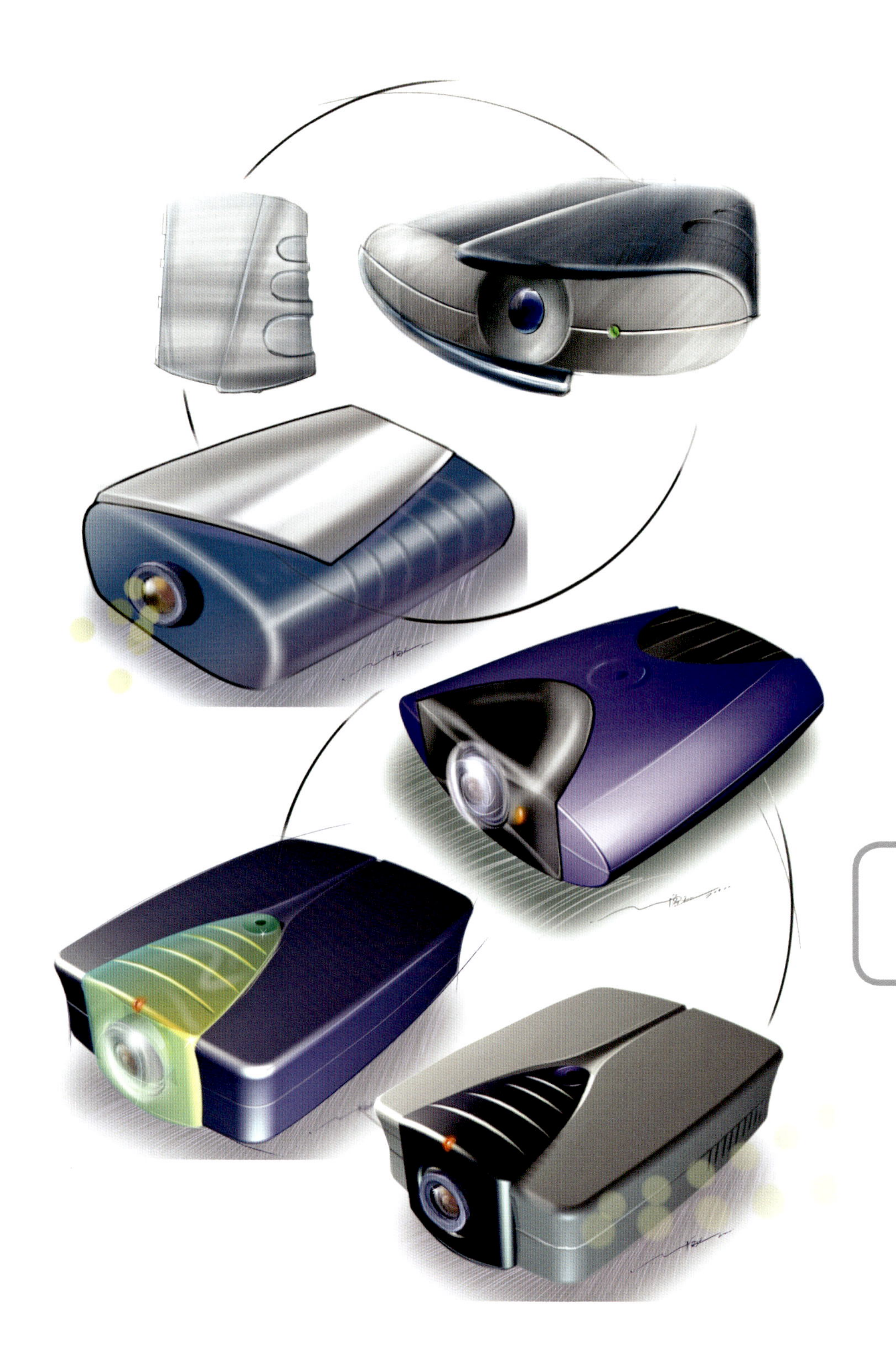

通 信 产 品

网 络 摄 像 头

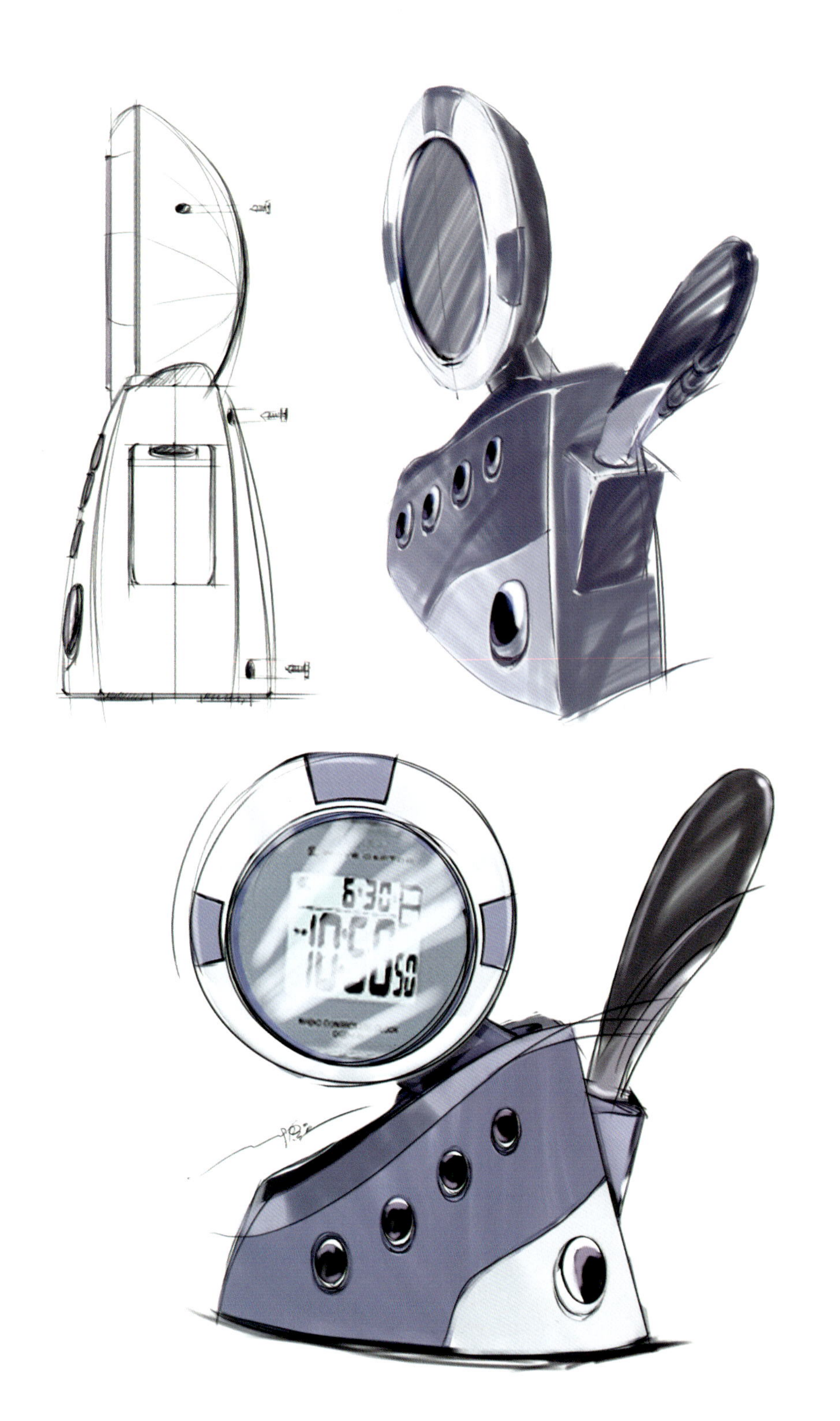

通信产品

自动电子钟

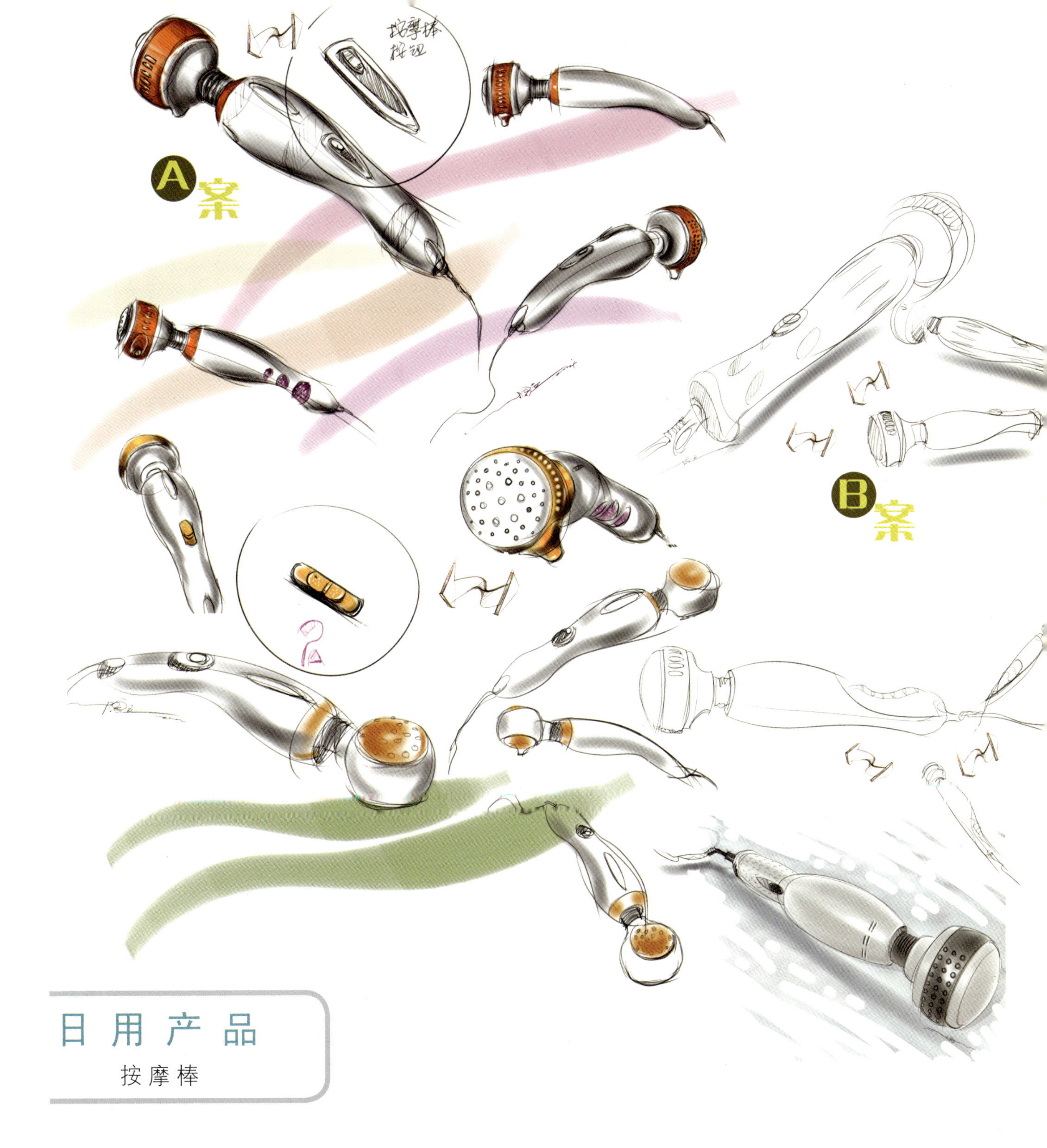
A案
B案
按摩棒
按钮

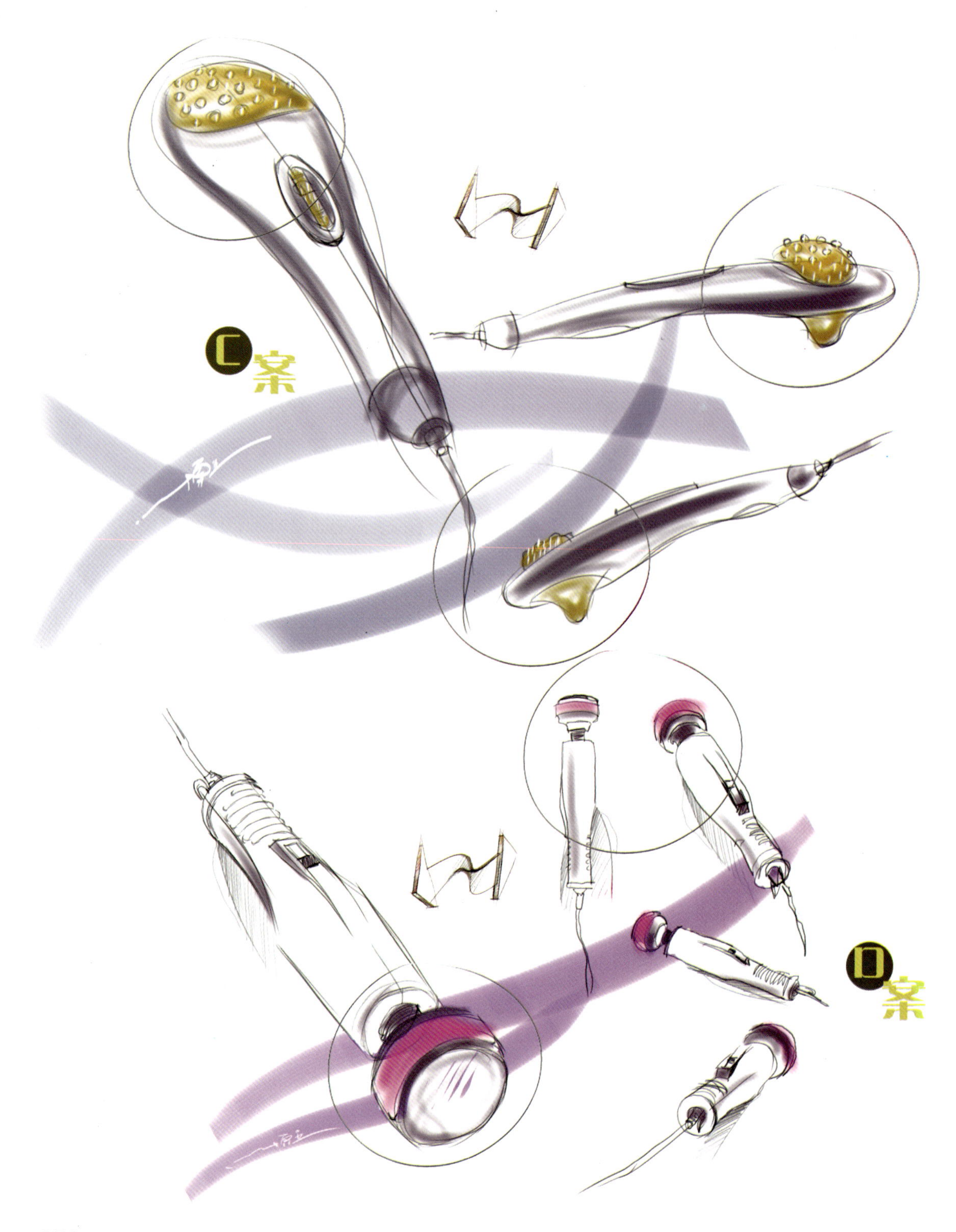
C案
D案

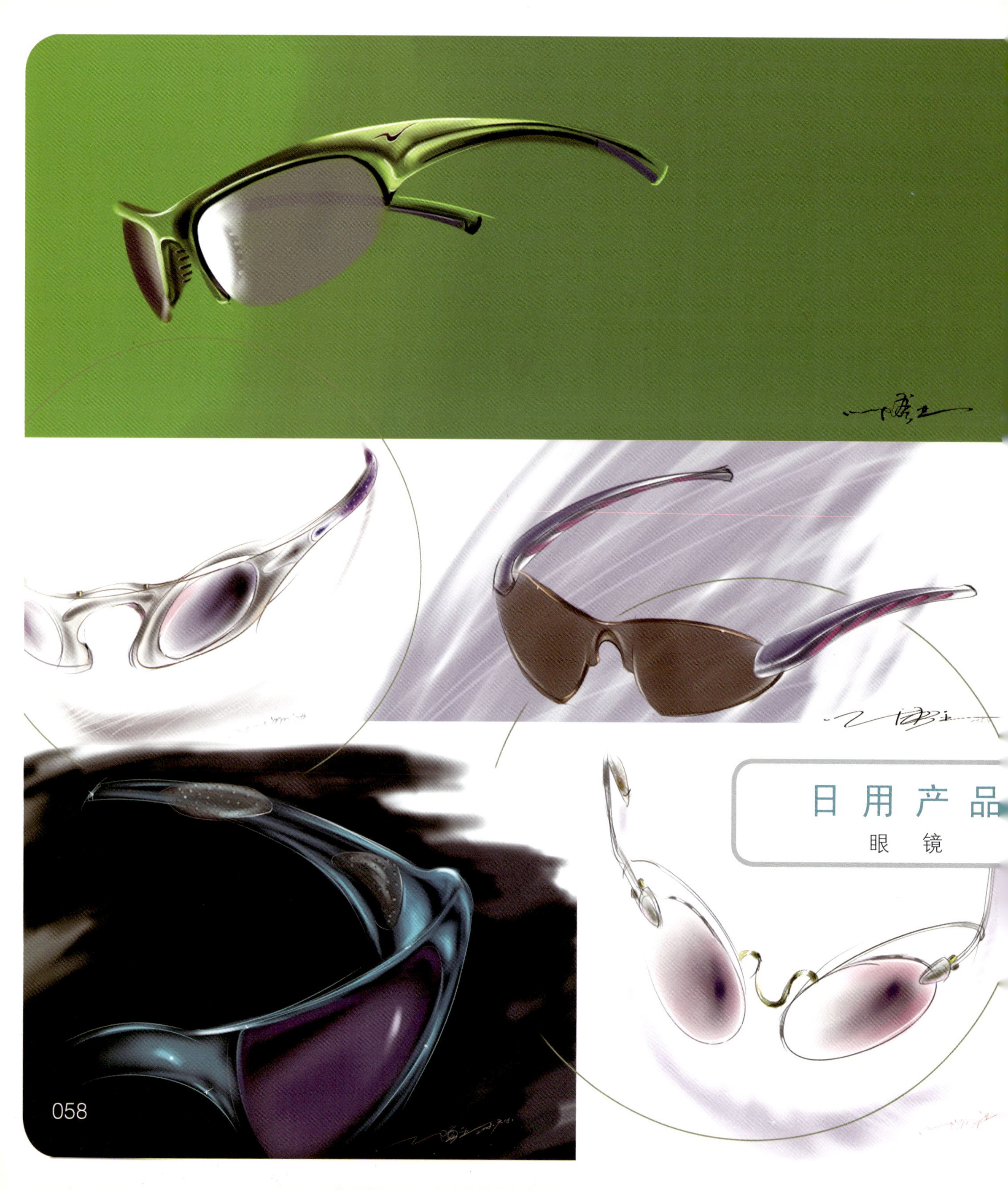

日 用 产 品

眼　镜

1 使用传统方形造型。（玻璃油瓶的外形基本以方形作为产品的形象代表）。在瓶身的侧面做凹入的抓手位，增回使用的舒适度。方形的边角通过倒角大小的变化，使外形形成一条弧线增强外形的特点

流畅的曲线，上小下大的外形增加稳定性。标签位稍微凹入瓶身。利用八角形外形的转折面，增加玻璃的光线折射效果。透明的瓶身与金属质感的瓶盖给人以高品质、高质量的感觉

2 因为产品的主要消费者是以女性为主，所以产品外以柔和的曲线作为设计的基本元素。正面看瓶体中部稍微内收，侧面做内凹的造型，目的可以增加抓握的稳定性，符合人机工学，增回使用舒适度。标签位也使用曲线的外形配合整体的风格，瓶盖使用金属质感的材料，体现产品的高品质。

3

外观设计方案

日 用 产 品

旅游水壶

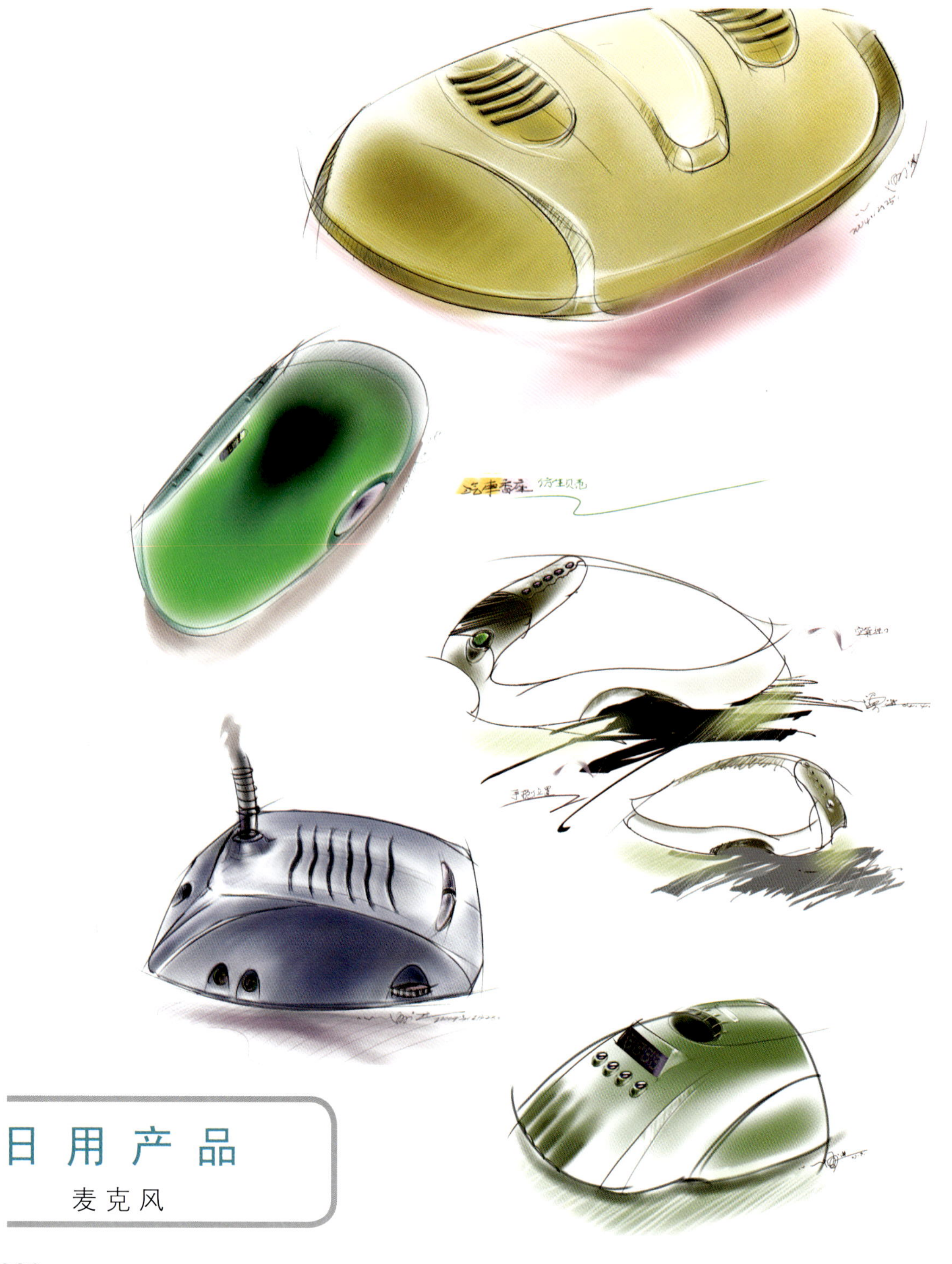

日 用 产 品

麦克风

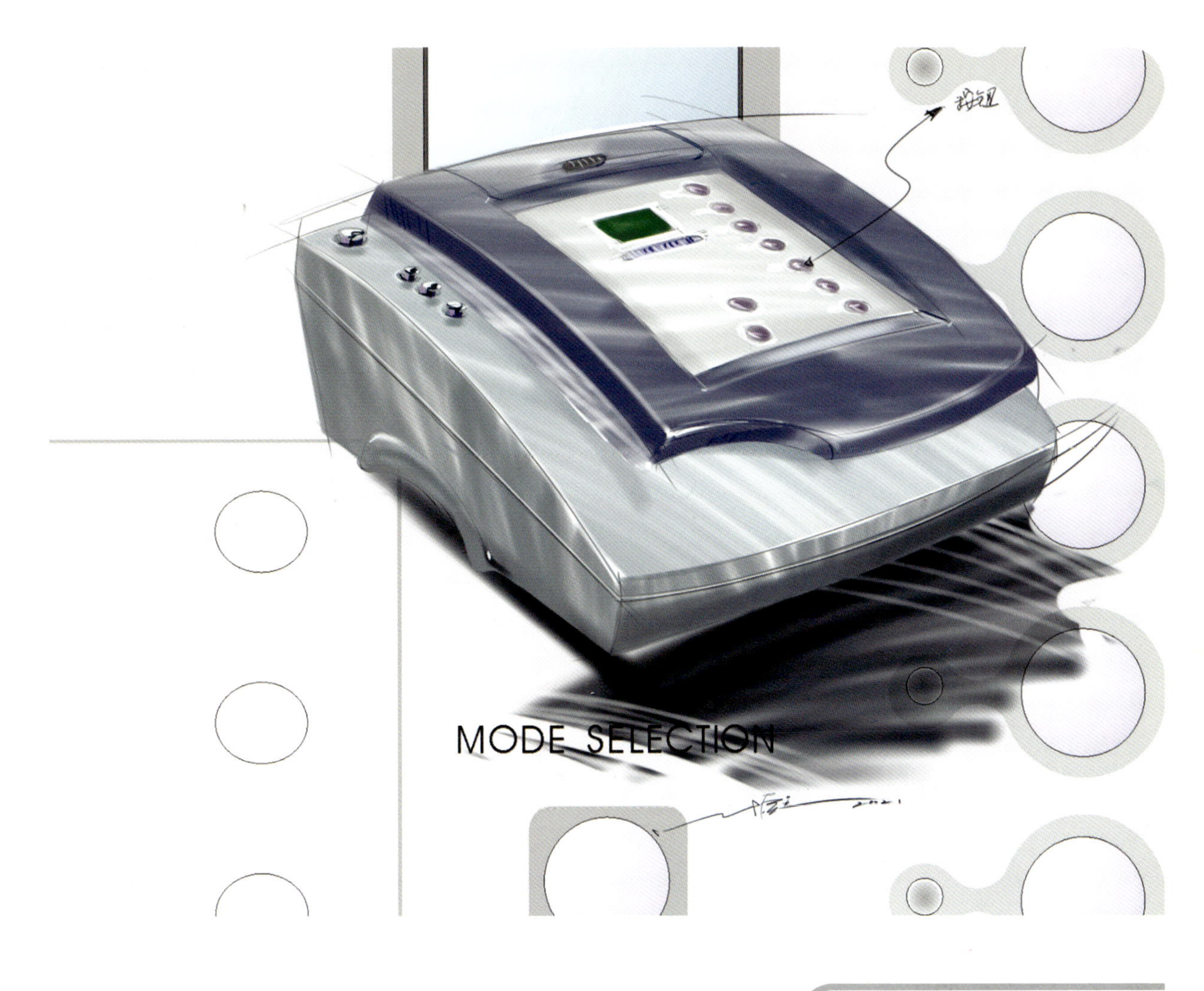
MODE SELECTION

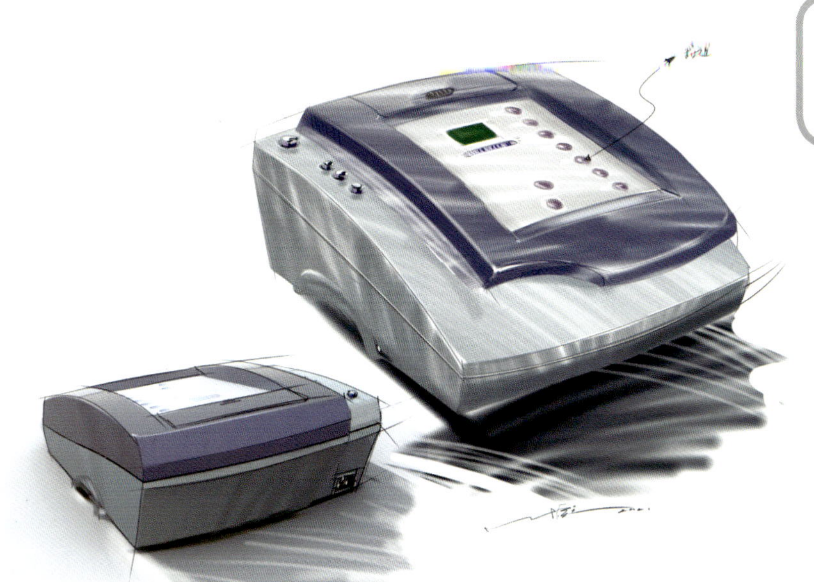

儿童产品

儿童推车

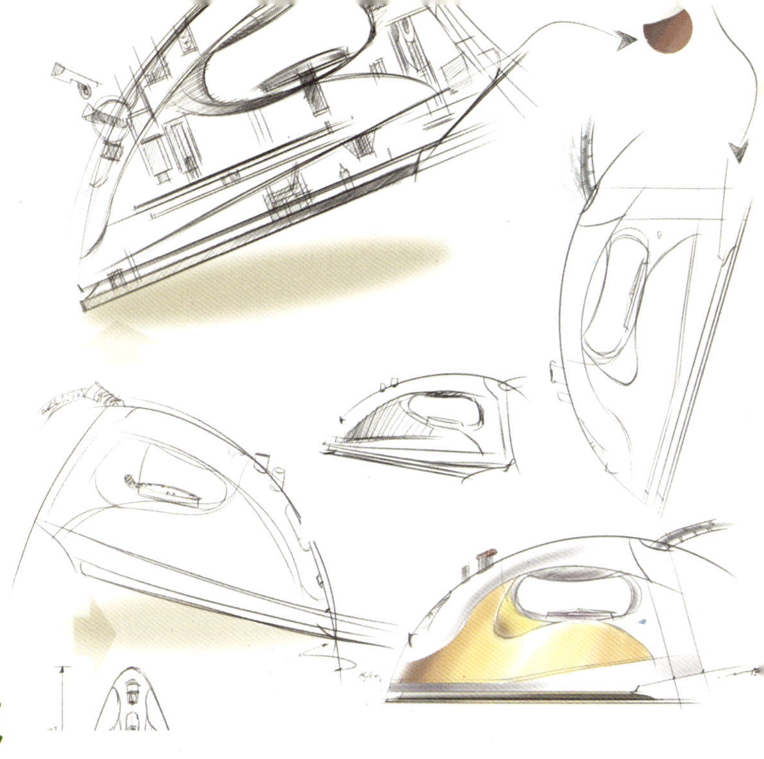

产品创意设计的草图构成

产品创意设计的草图表现是产品创意设计的核心。本章节介绍了产品设计的草图构成、设计分析、整体和局部表达、细节和设计说明文字的叙述。在这过程中，作者讲述了如何处理、完善和优化草图方案，达到良好的效果。以图例形式讲述了如何运用主次、前后、深浅、层次、颜色、材质等关系对于主题的定位与创意的融合；同时，也对工艺技巧、流行款式、创新元素、生产加工成型等综合因素进行评估交流，使人们了解物象形态与创意变化在构思中的过程，了解物象形态演变过程中各种草图造型元素变化及如何提升价值的意义。

从中，读者可以掌握如何在这个过程中取舍什么，增减什么，解决什么，最后达到的期望值是什么；了解从表达的方式中，说明了什么，发现了什么，做到了什么，创作产品的意义在哪里，有目的地把握设计构思的有效结果。

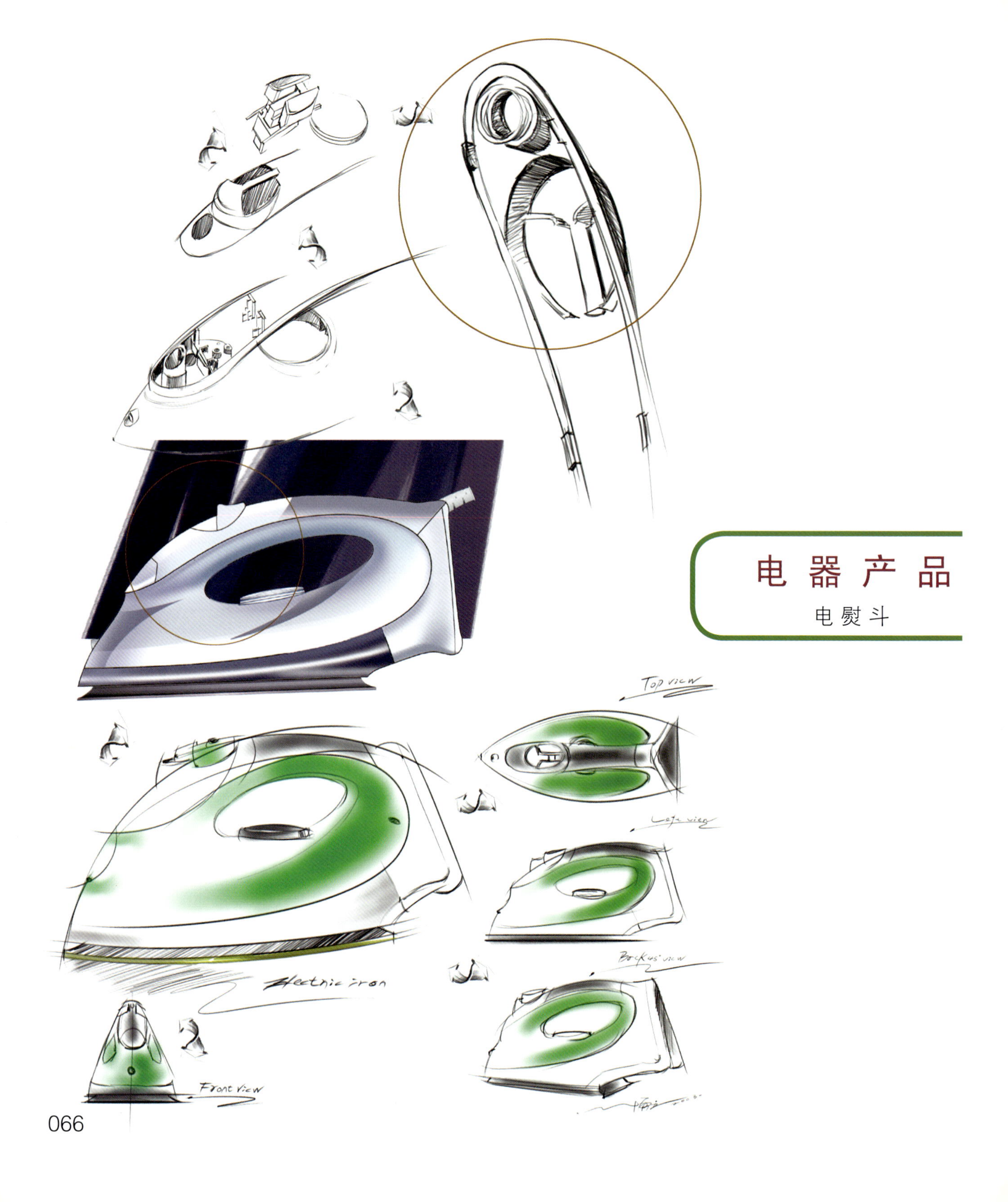
Top view
Electric iron
Front view

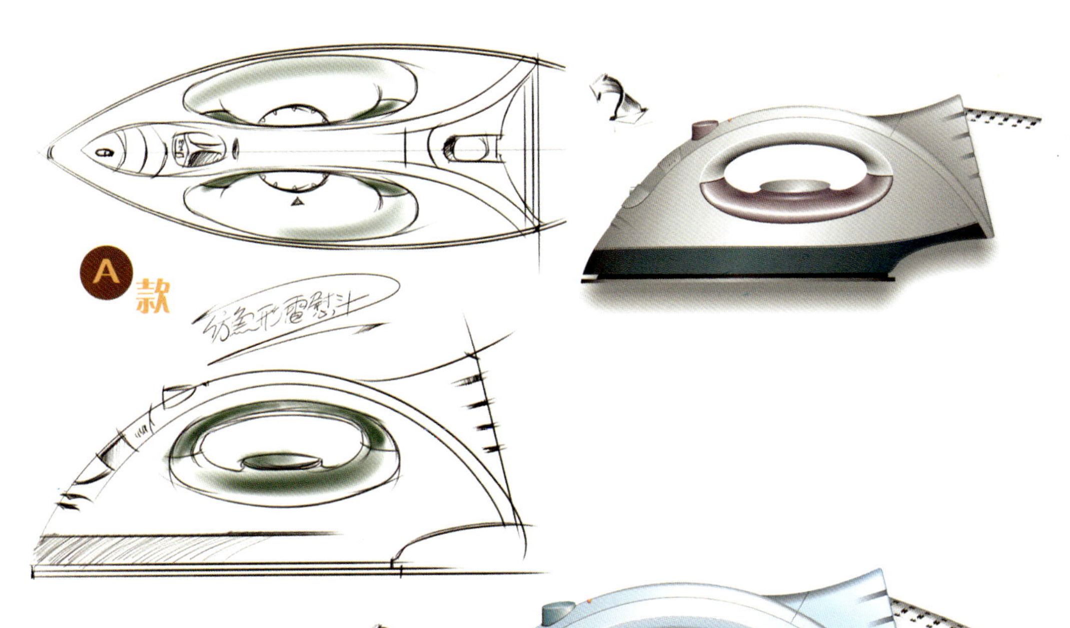

灵感来自于大自然海洋生物，流线优美的仿生鱼形状，完美的线条，简洁流畅，独特的外形，强力的视觉美感，让人过目难忘。

1. 外形独特，有生气，打破了以往同类产品的模式，赋予产品生命力与内涵，头部的两个切面与尾部的凹槽，轻轻几笔生动形象，体现了产品的整体完美性。
2. 手握位与外形线条呼应，充分呈现了人机工程的科学性。
3. 水位清晰明了，旋转盘轻巧实用

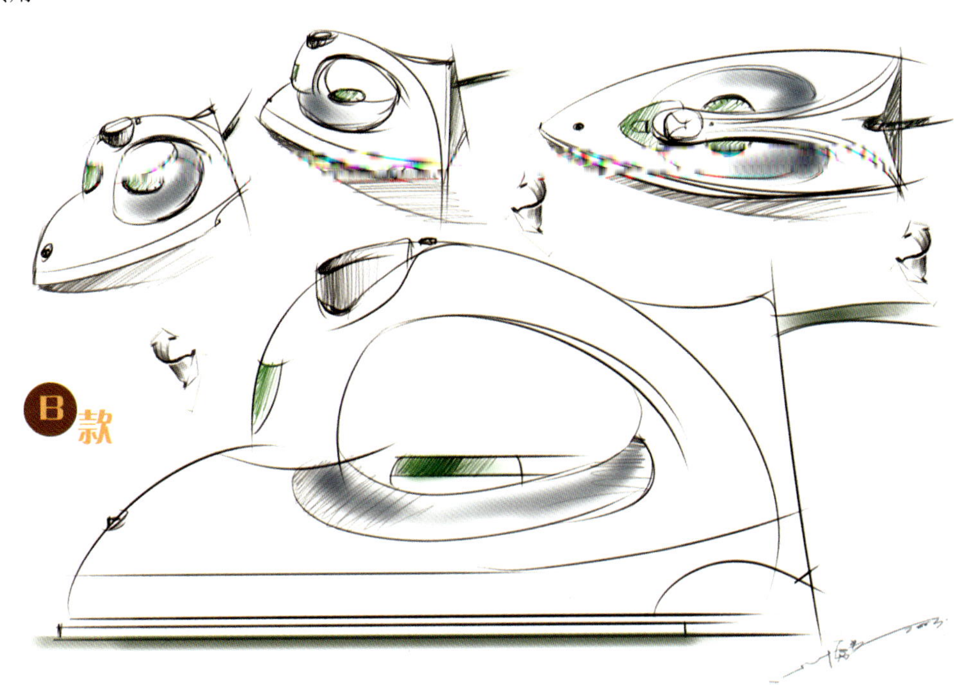

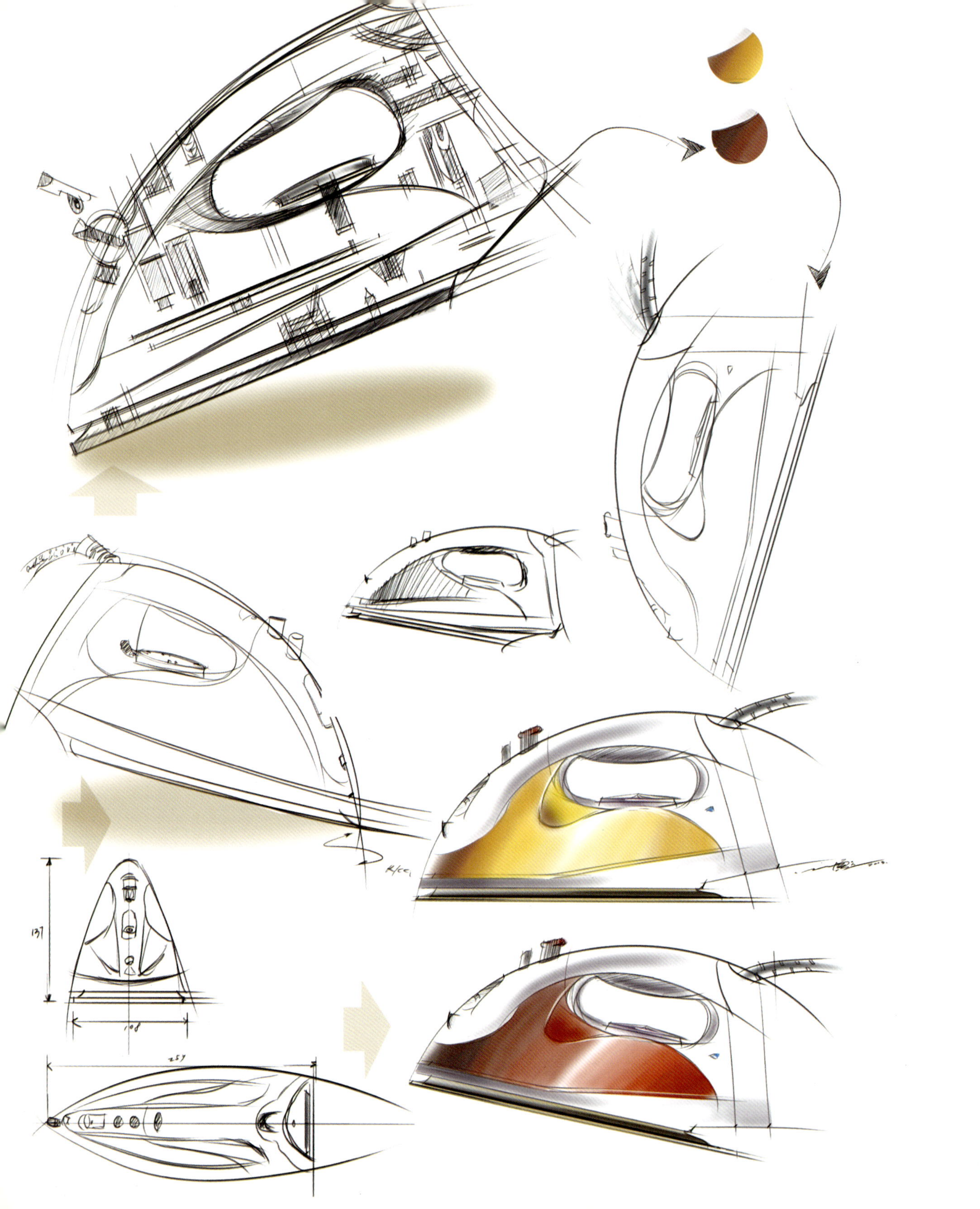

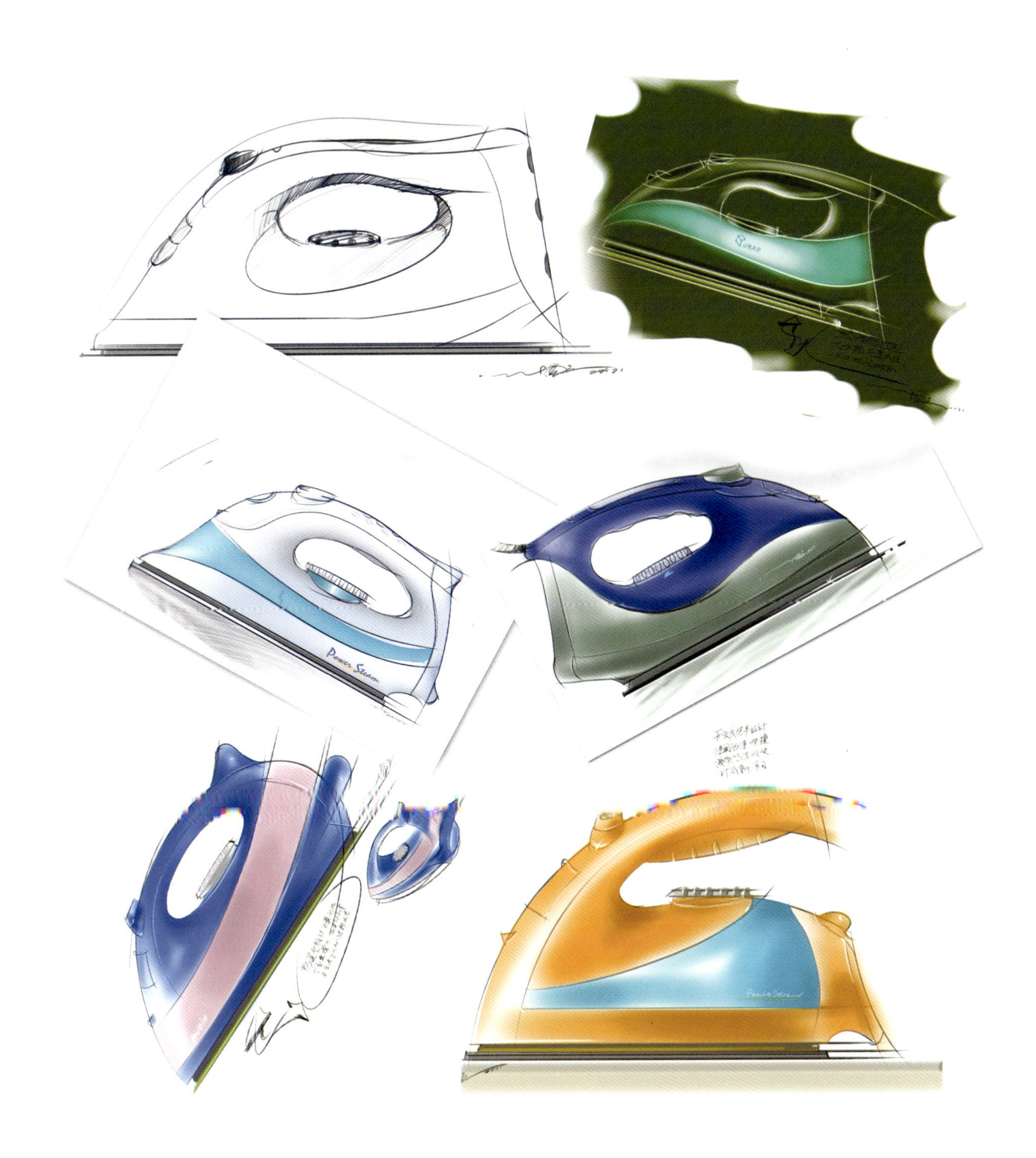

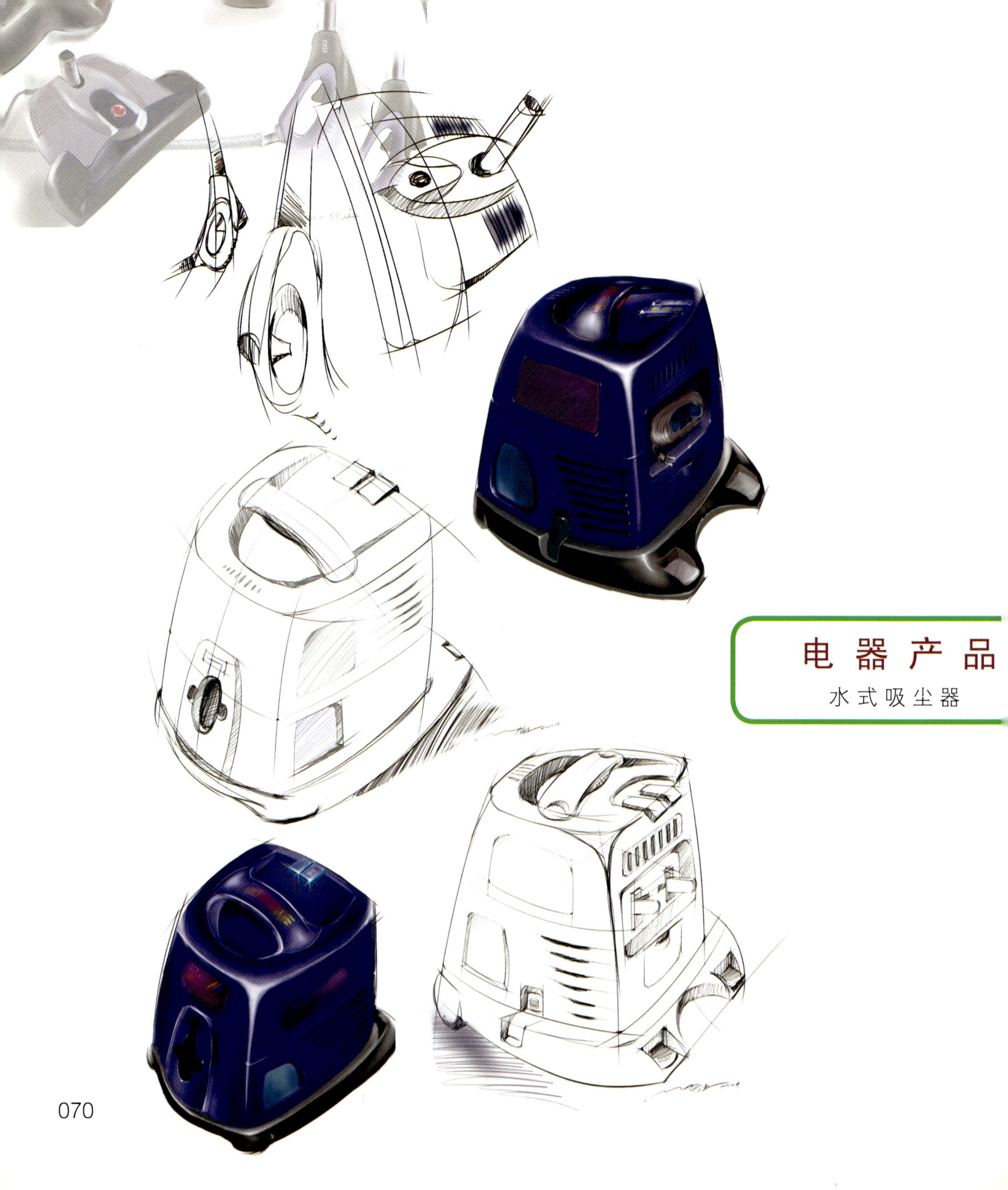

电器产品

水式吸尘器

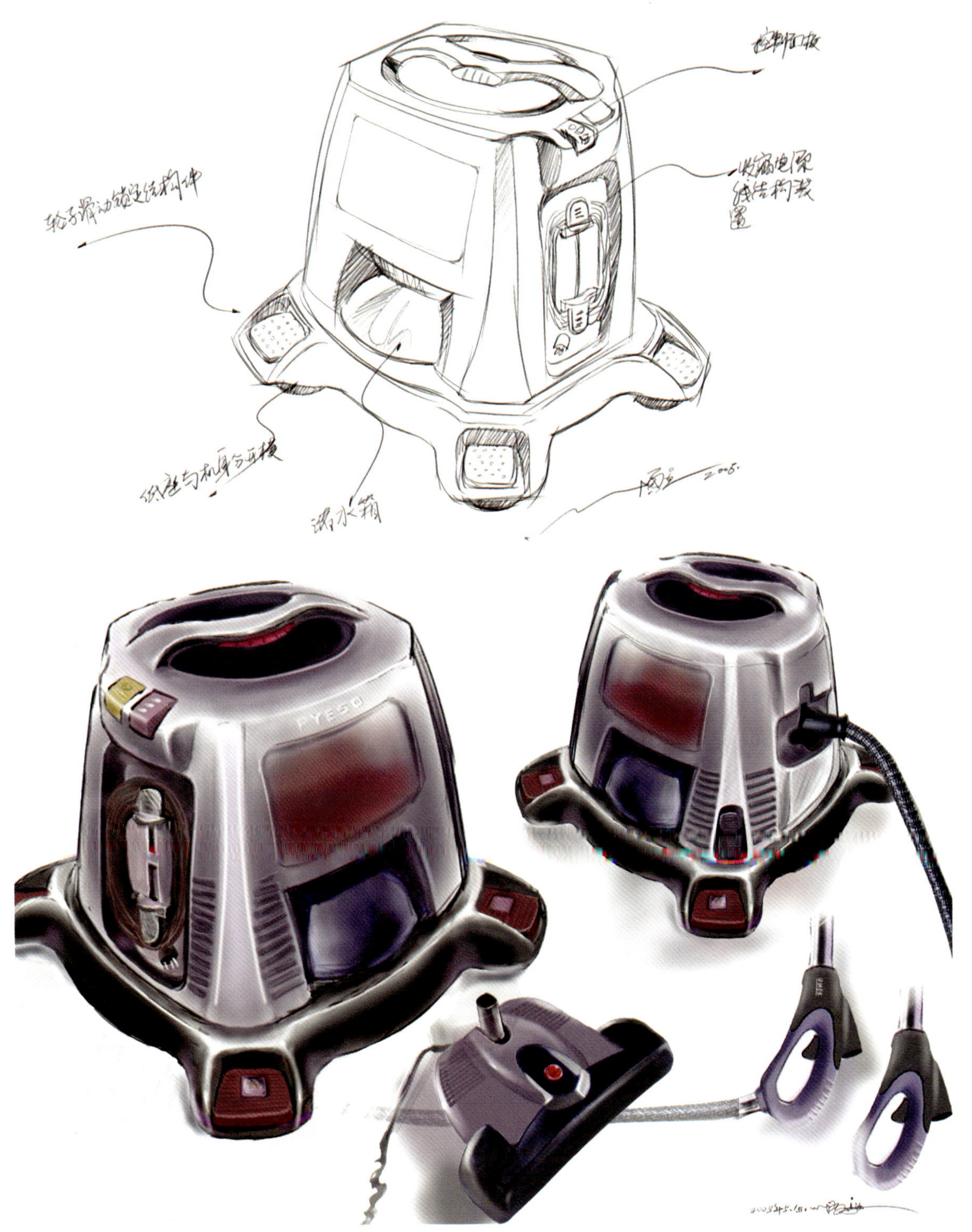
控制面板
收缩电源线结构装置
轮子滑动锁定结构件
底座与机身分开模
污水箱
FYESO

电 器 产 品

吸 尘 器

电 器 产 品

移 动 吸 尘 器

消费者对产品的心理感受及使用产品的行为的表现：

- ●受压面
- ●接触点
- ●环境状况
- ●方便提、推、抬
- ●其他可出现的因素等
- ●产品与消费者的使用买点
- ●产品的行业性和专业性
- ●操作时与手相关的部位配合接触的界面
- ●人体工程与产品功能归纳最佳舒适尺度设计
- ●可增加一些附加的功能设计
- ●功能技术设计精确与人使用方便优化组合

抽湿器

A1款顶视图的边界是四条有张力的弧线构成。弧与弧的交接处有较大的圆弧过度，形态在呼应整体效果的前提下体现饱满和活跃，尽量减少控制平面与上表面的落差，起到画龙点睛的作用。

A2，A3是在整体表面突起的，在深入设计中可把突起的控制面板与机体表面圆滑过度或倒大圆角，达到与整体的协调统一。

控制面板的按钮和显示排列基本采用下图。

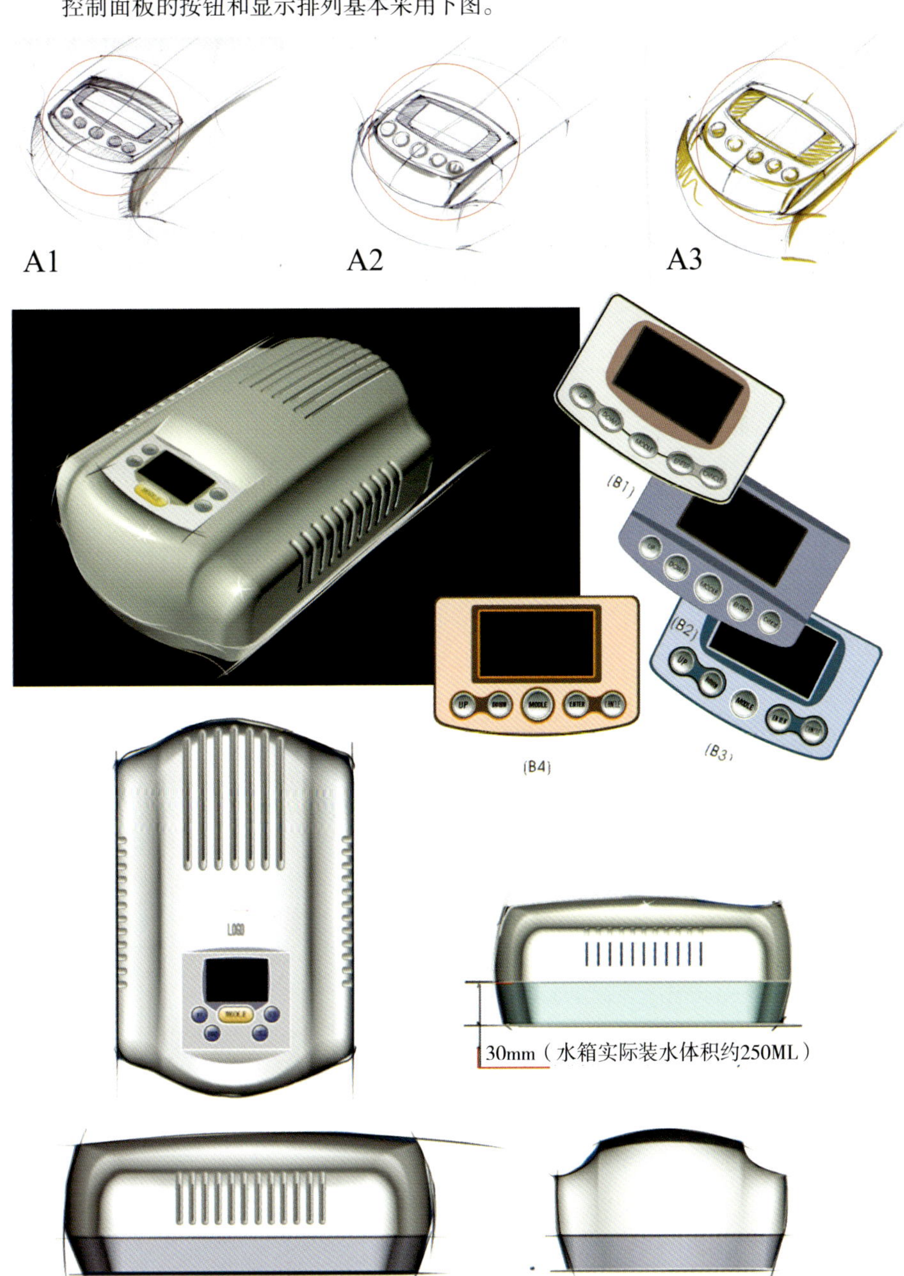

电器产品

抽湿器

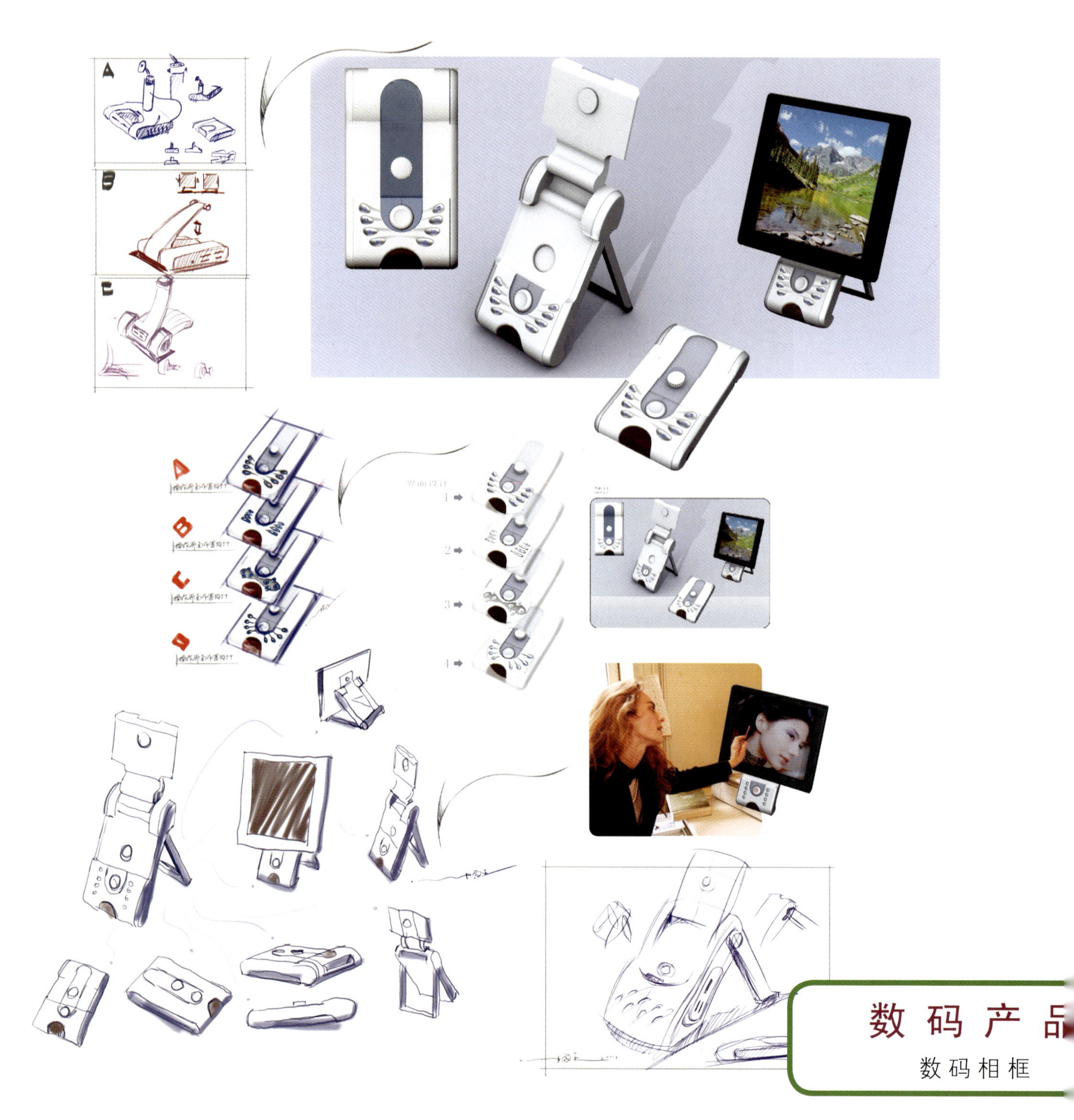

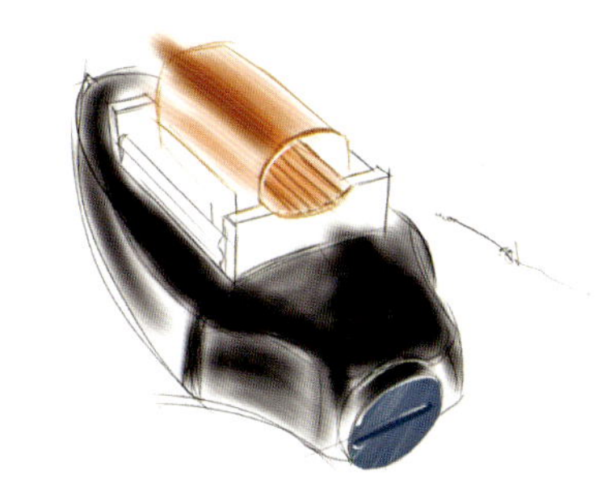

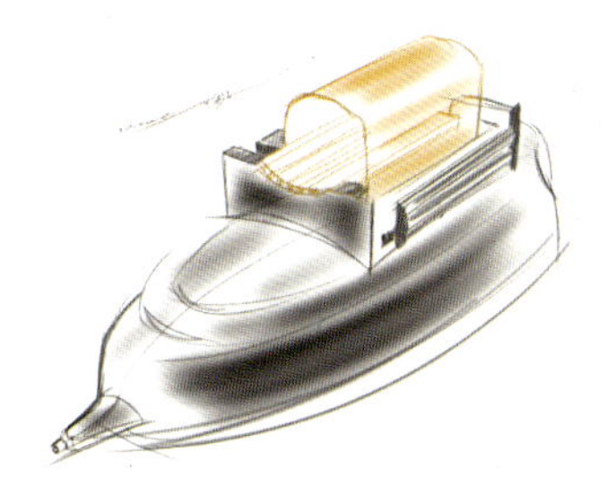

数码产品

数码钓鱼器

方案 2

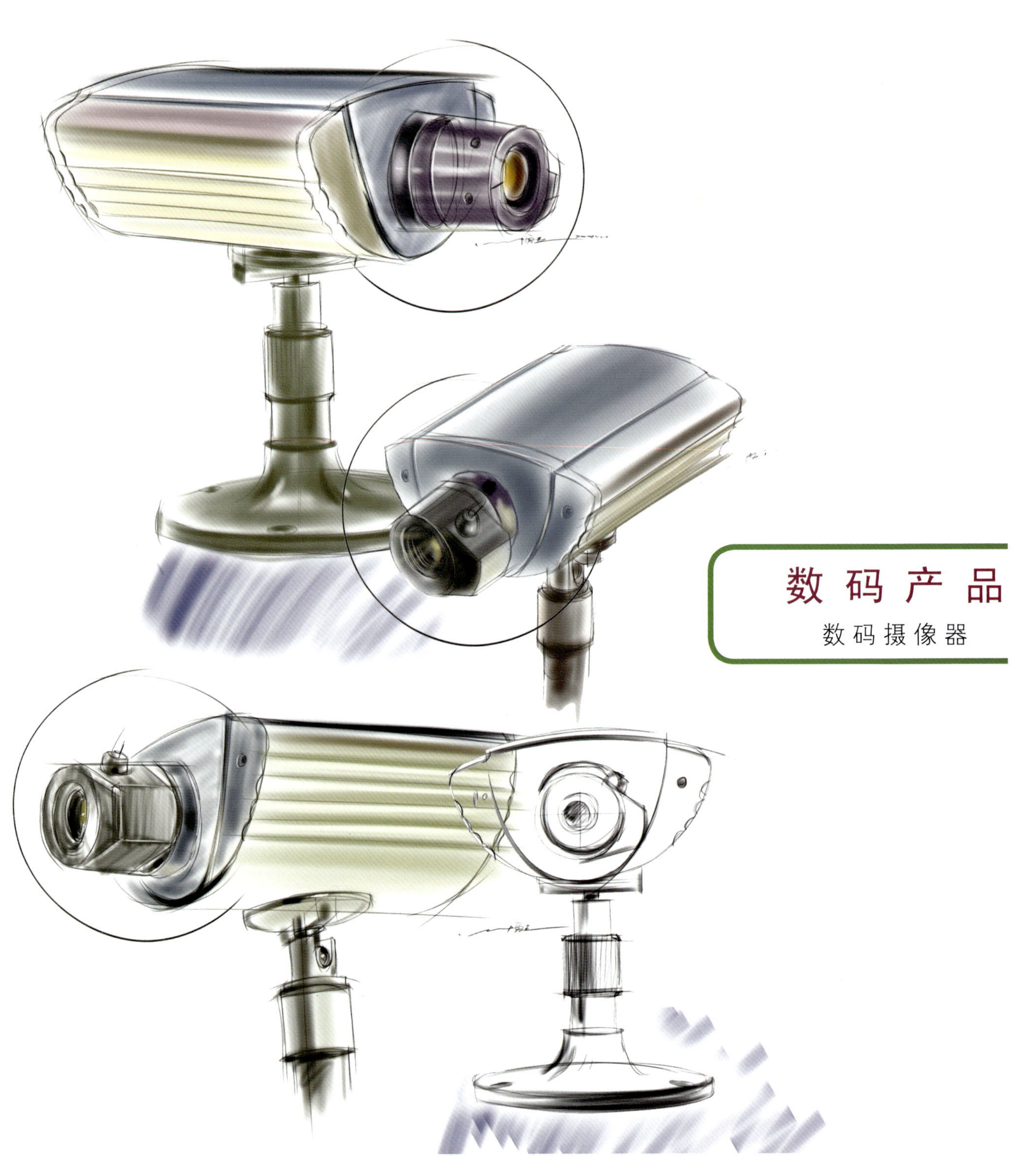

数码产品

数码摄像器

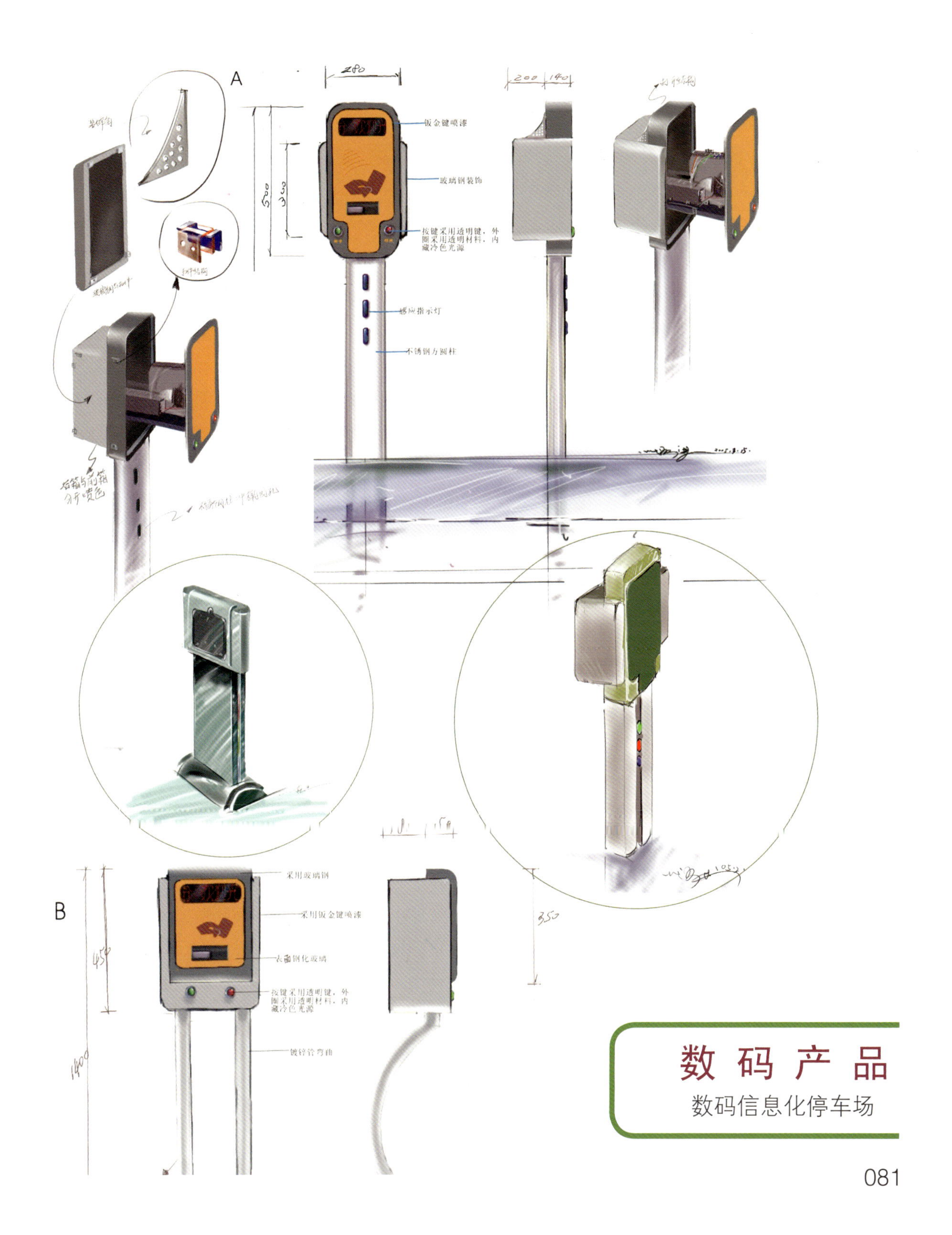

数码产品

数码信息化停车场

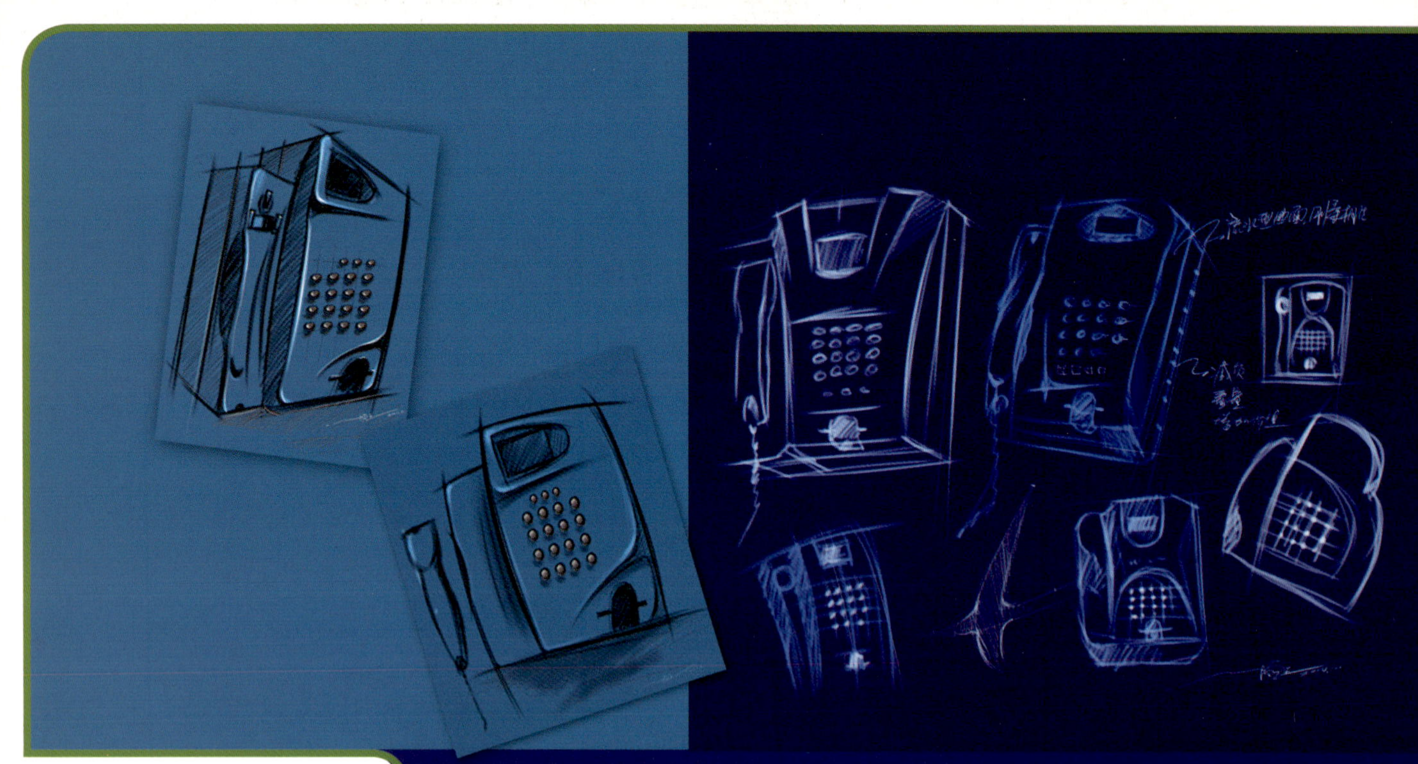

通 信 产 品

IC电话

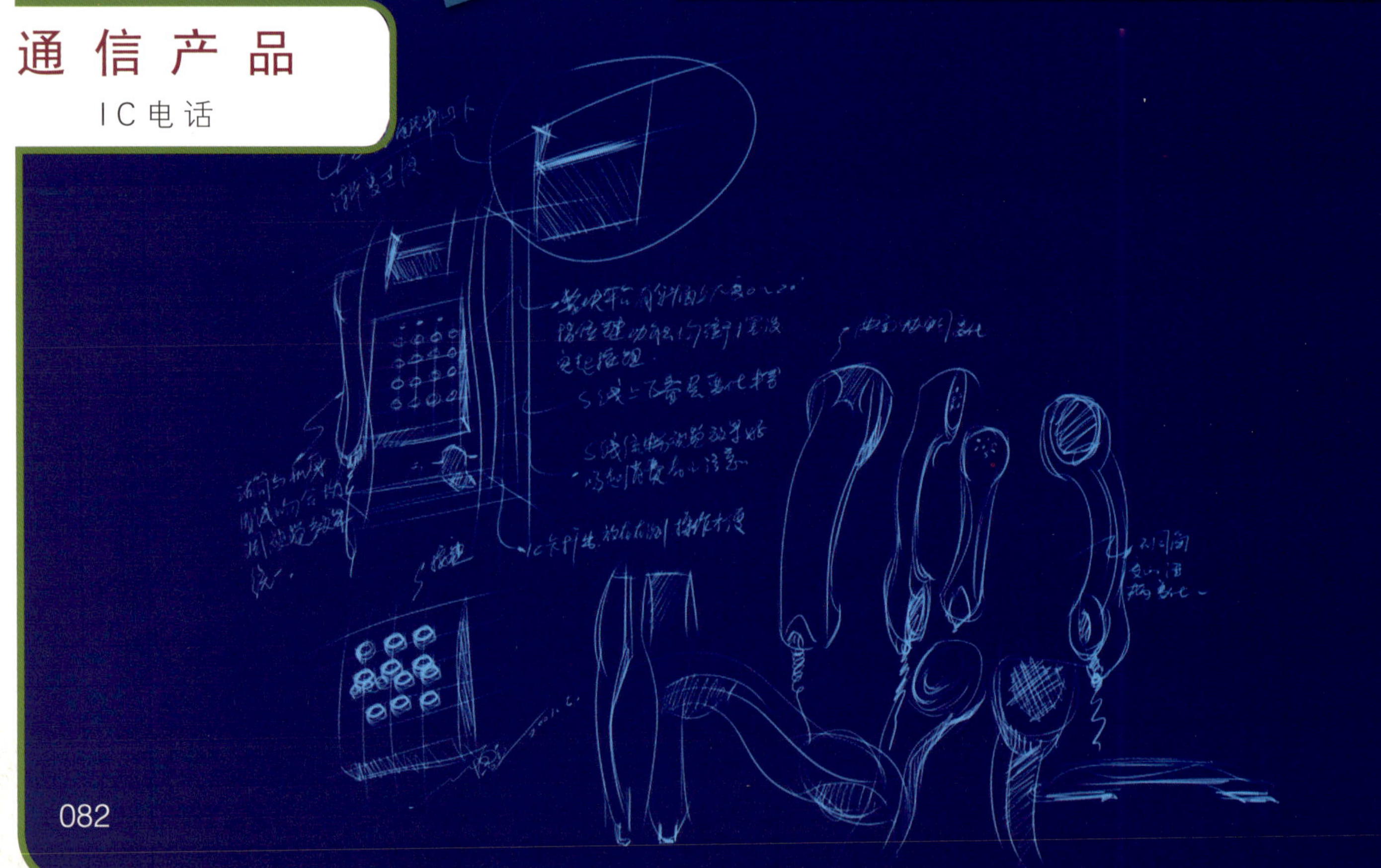

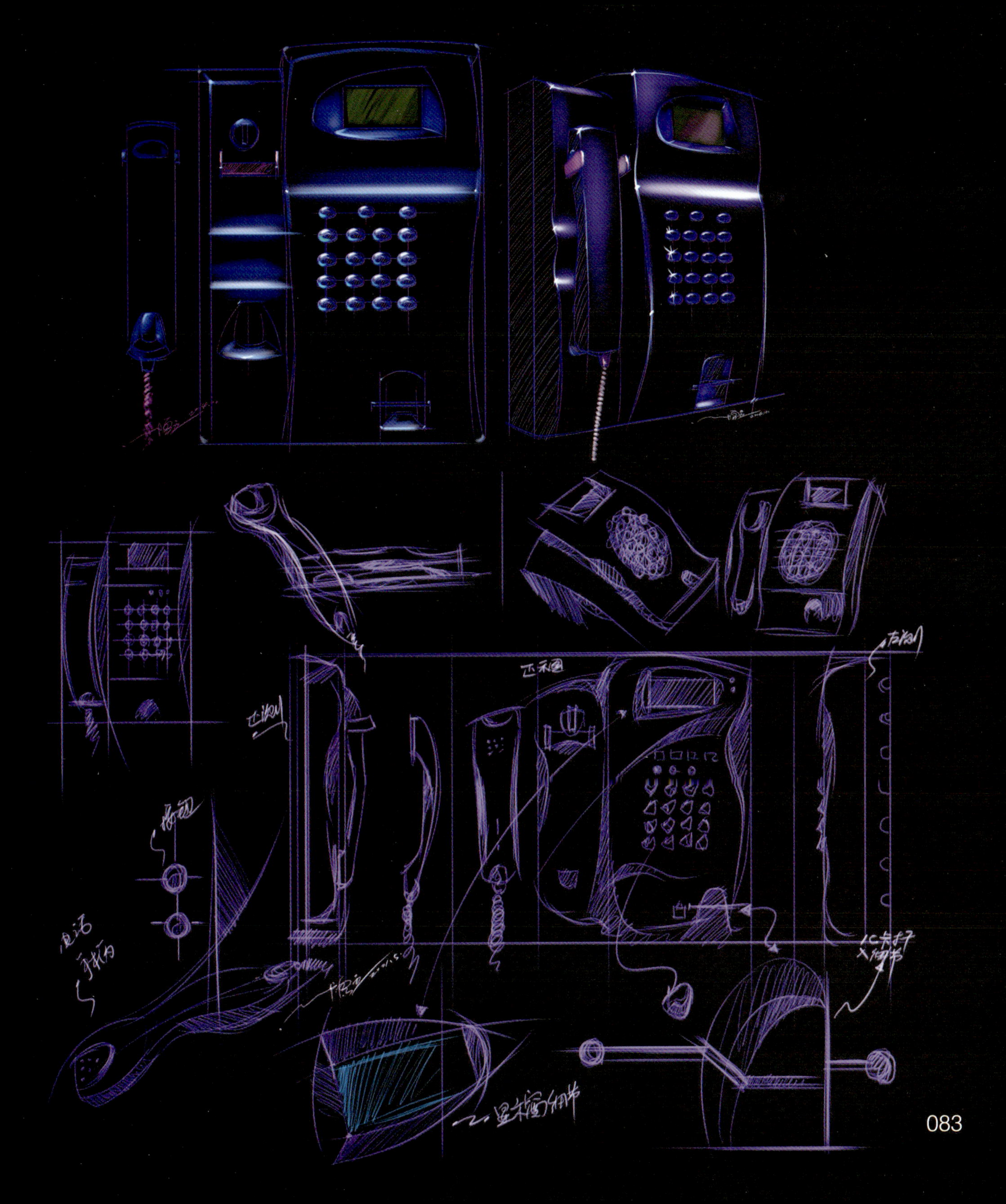
右侧
正视图
左侧
按钮
电话手柄
IC卡插入细节
显示窗细节

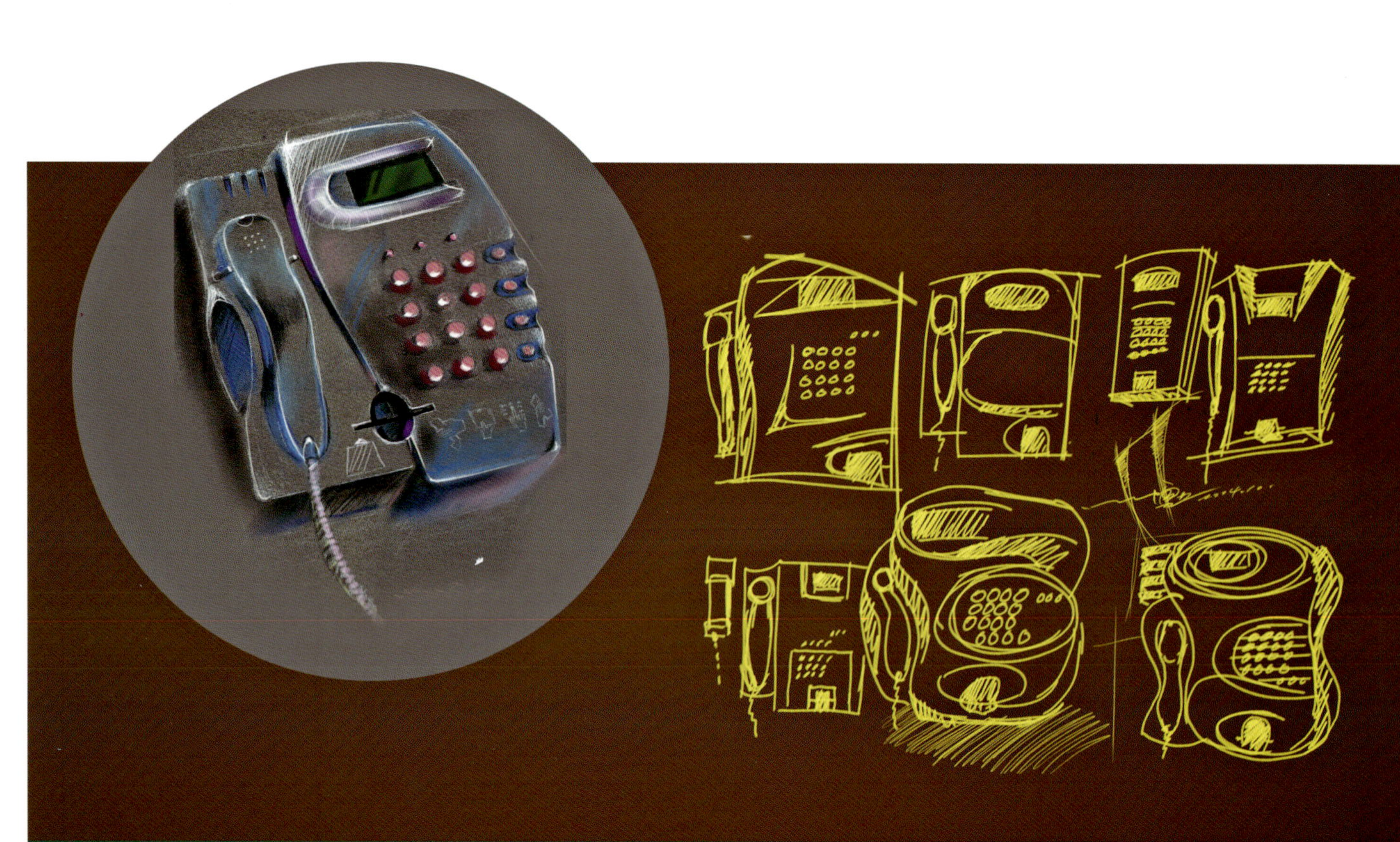

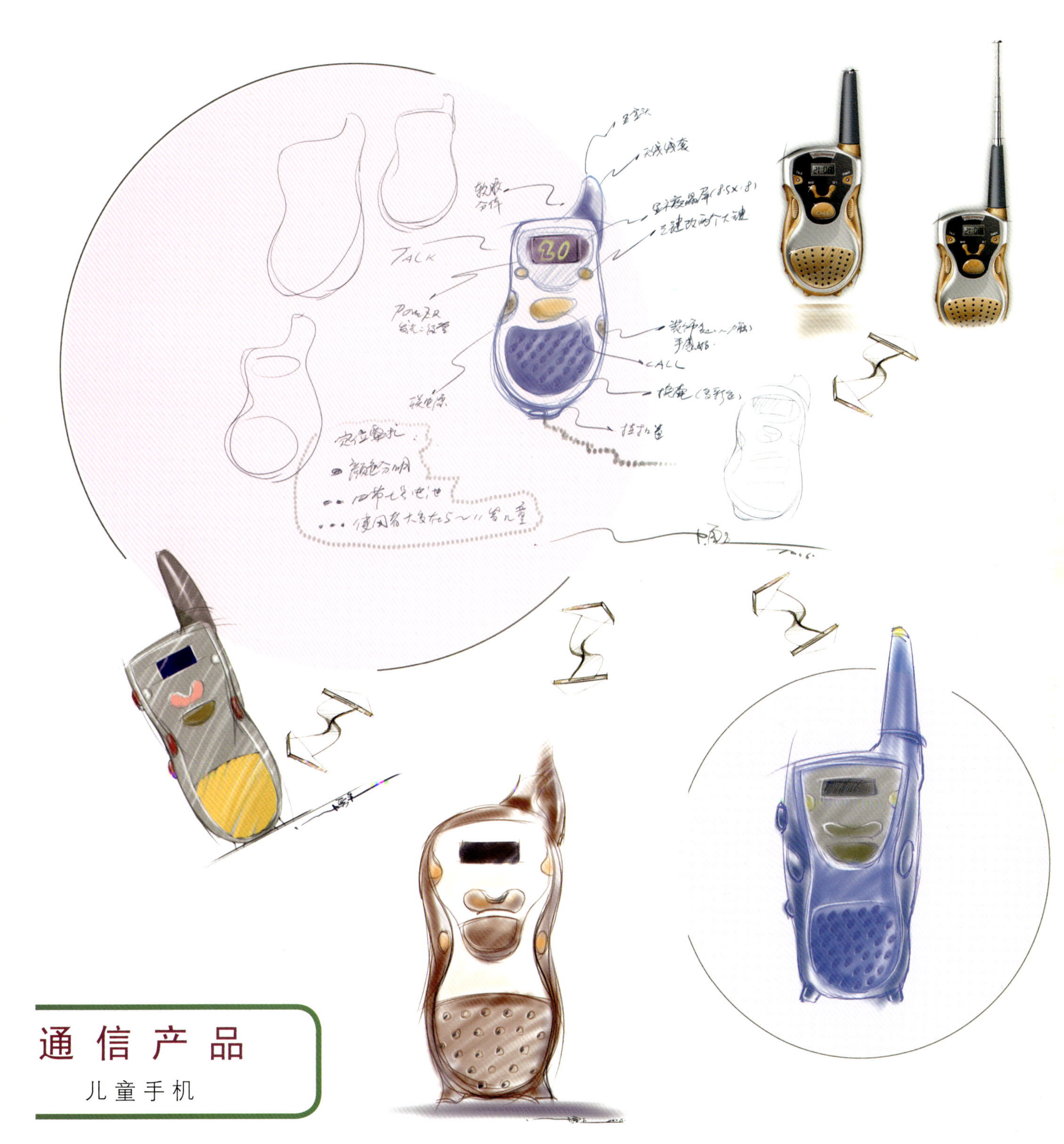

通信产品

儿童手机

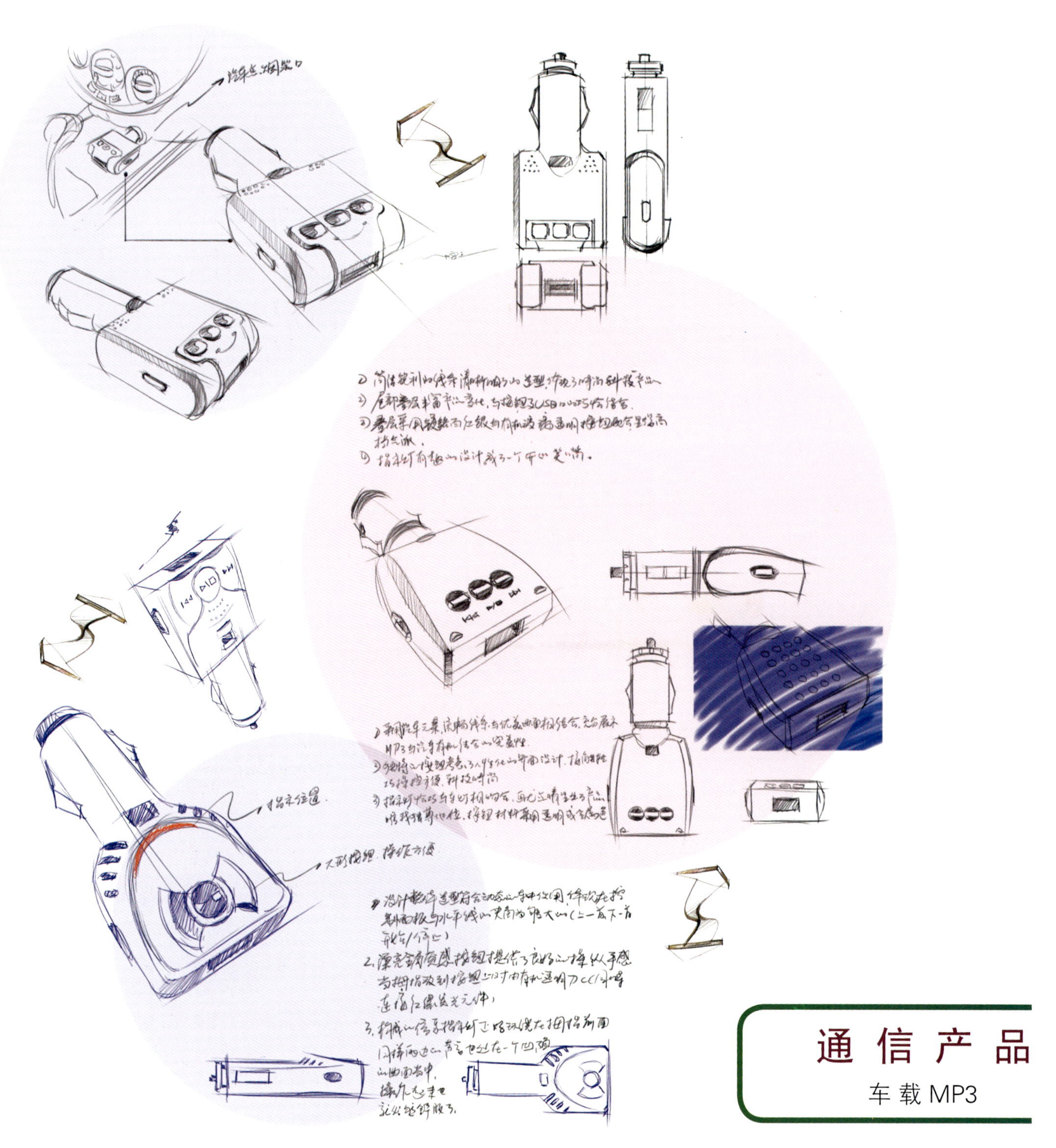

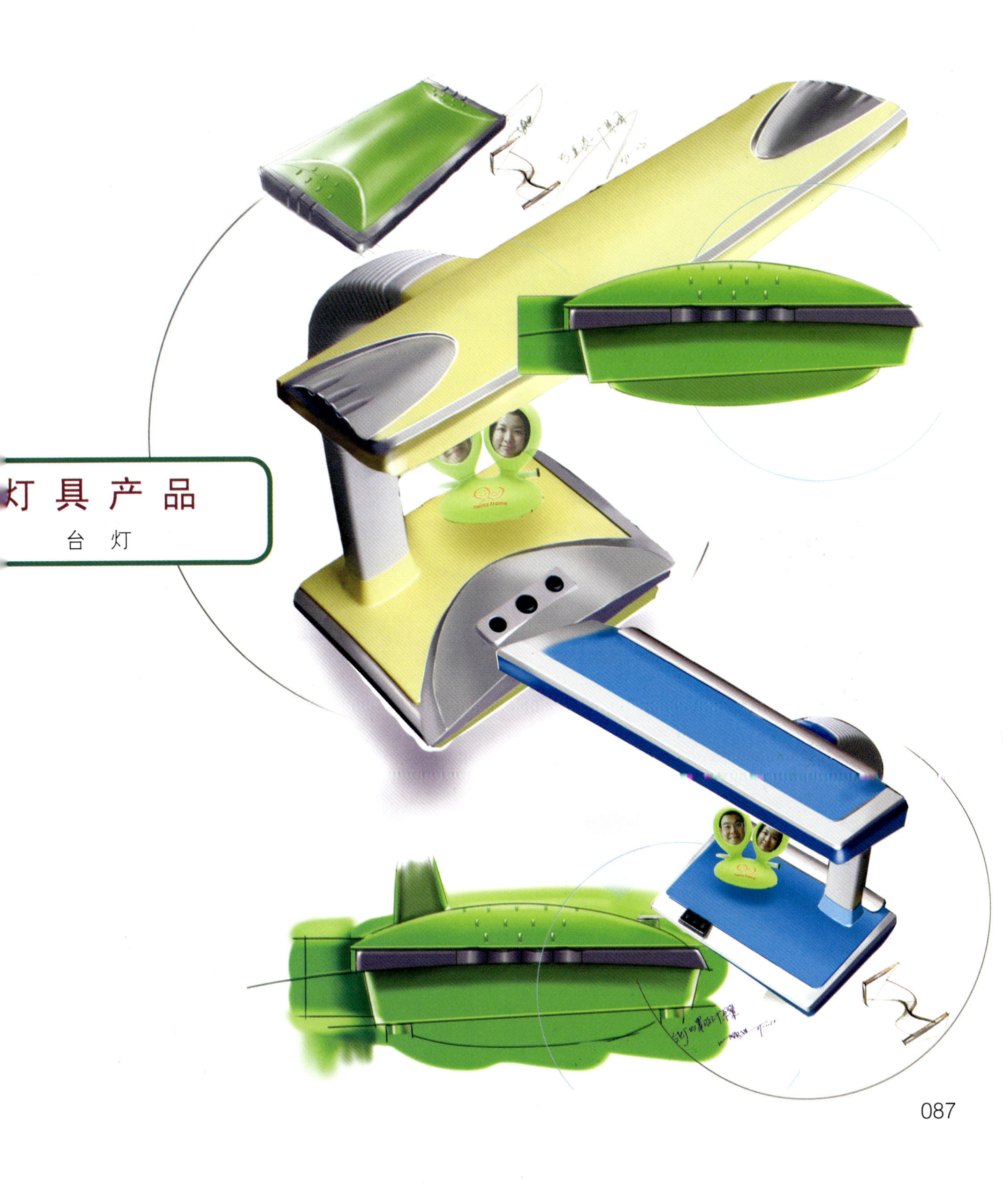

灯具产品

台灯

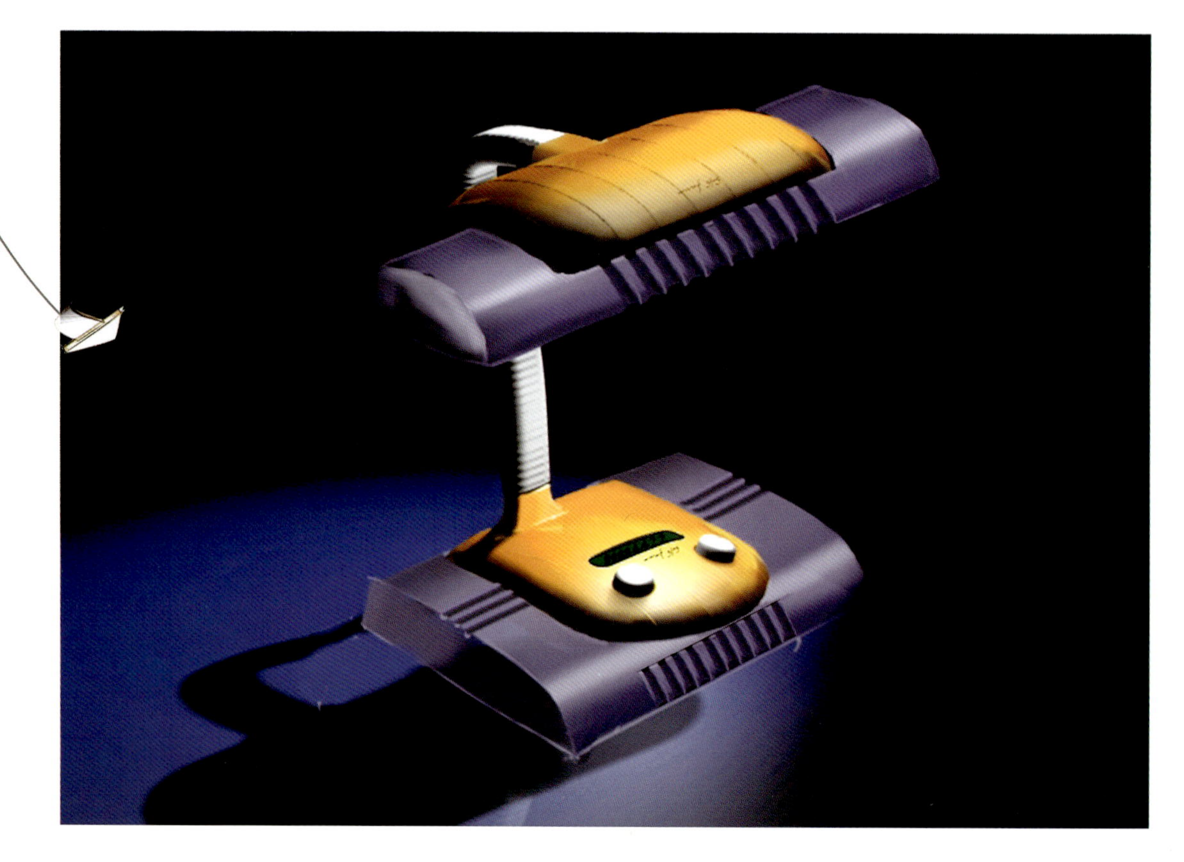

日 用 产 品

CD 盒

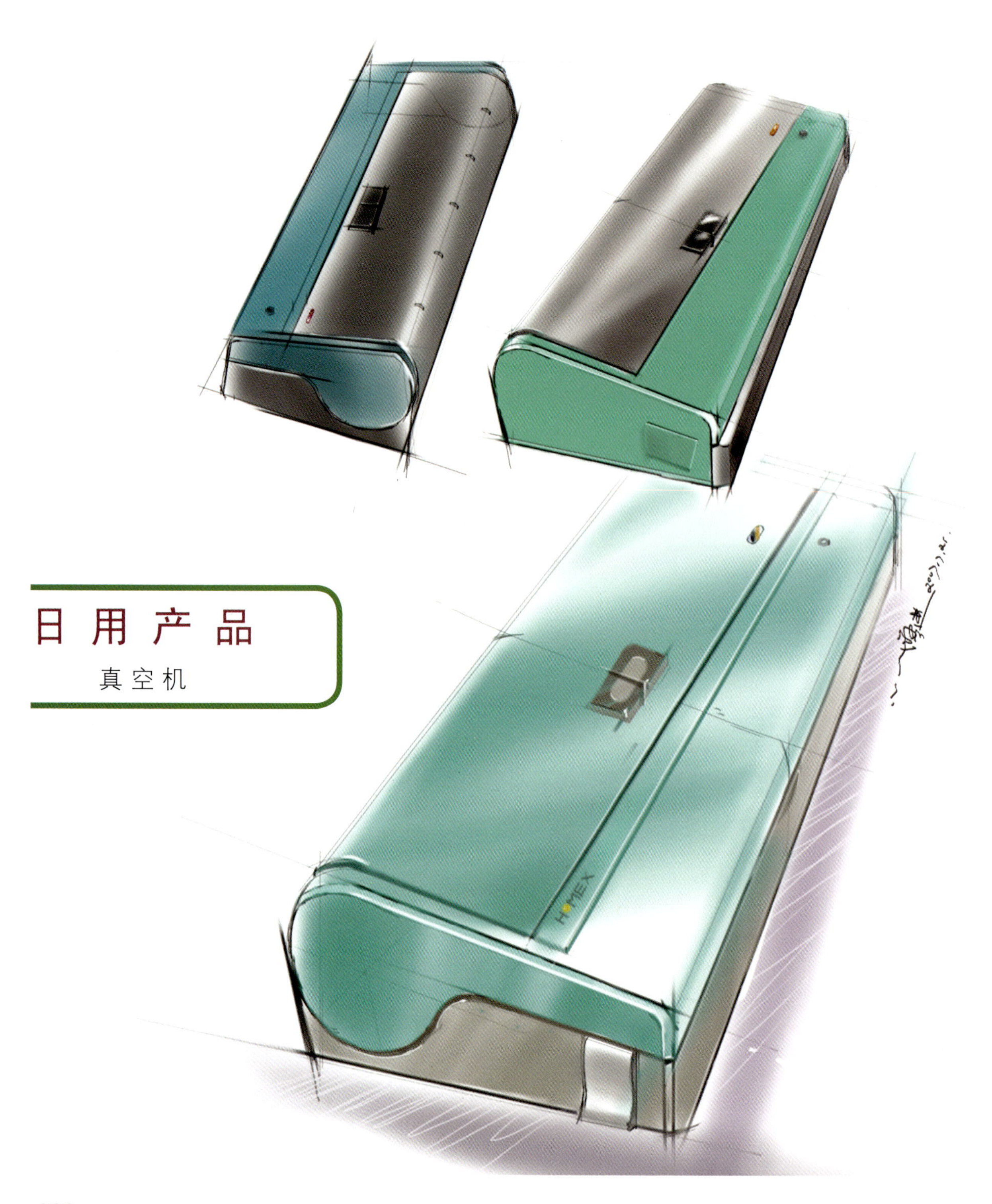

日用产品

真空机

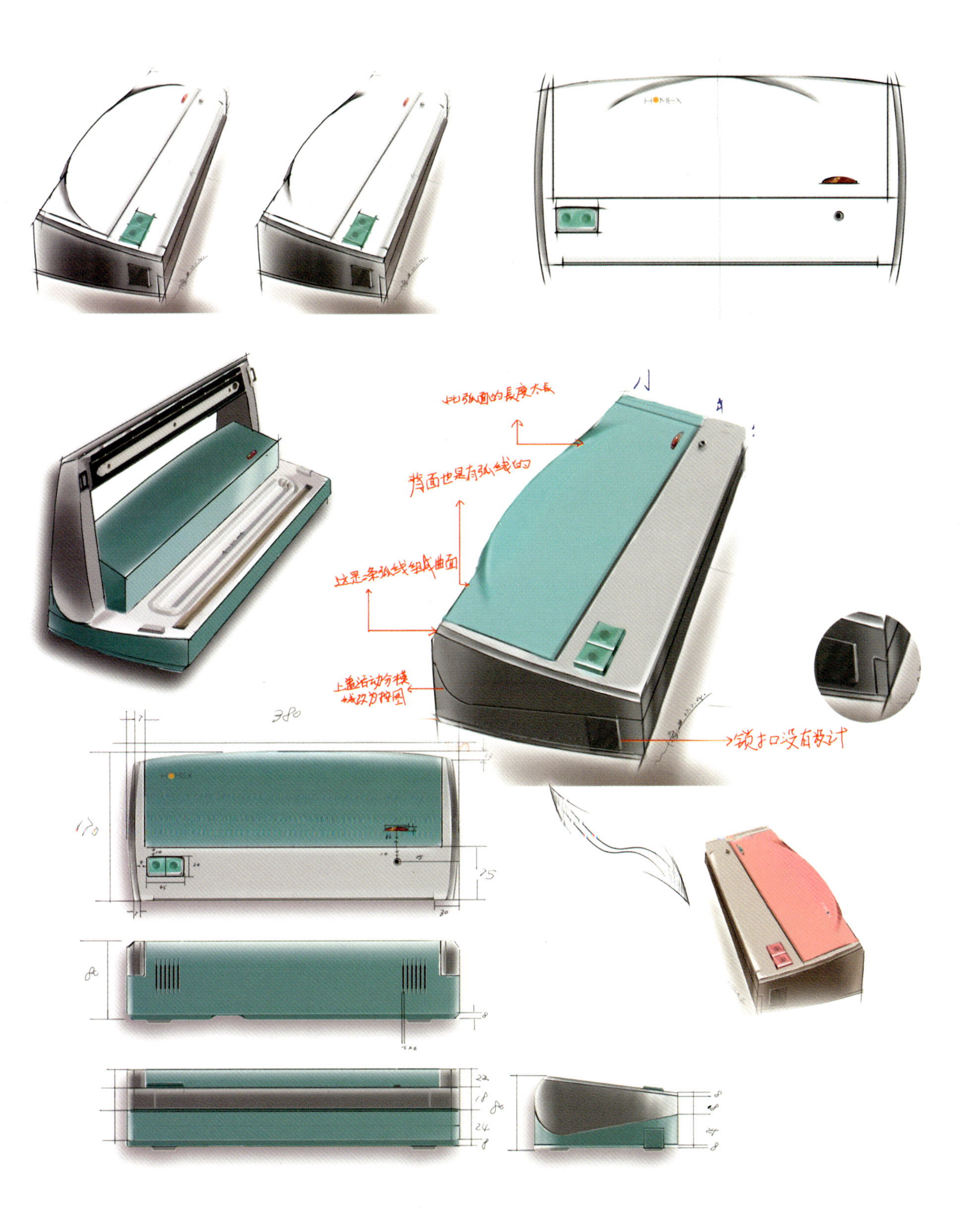
此弧面的長度太長
背面也是有弧线的
这是二条弧线组成曲面
上盖活动分模线改为按图
锁扣没有设计
380
170
75

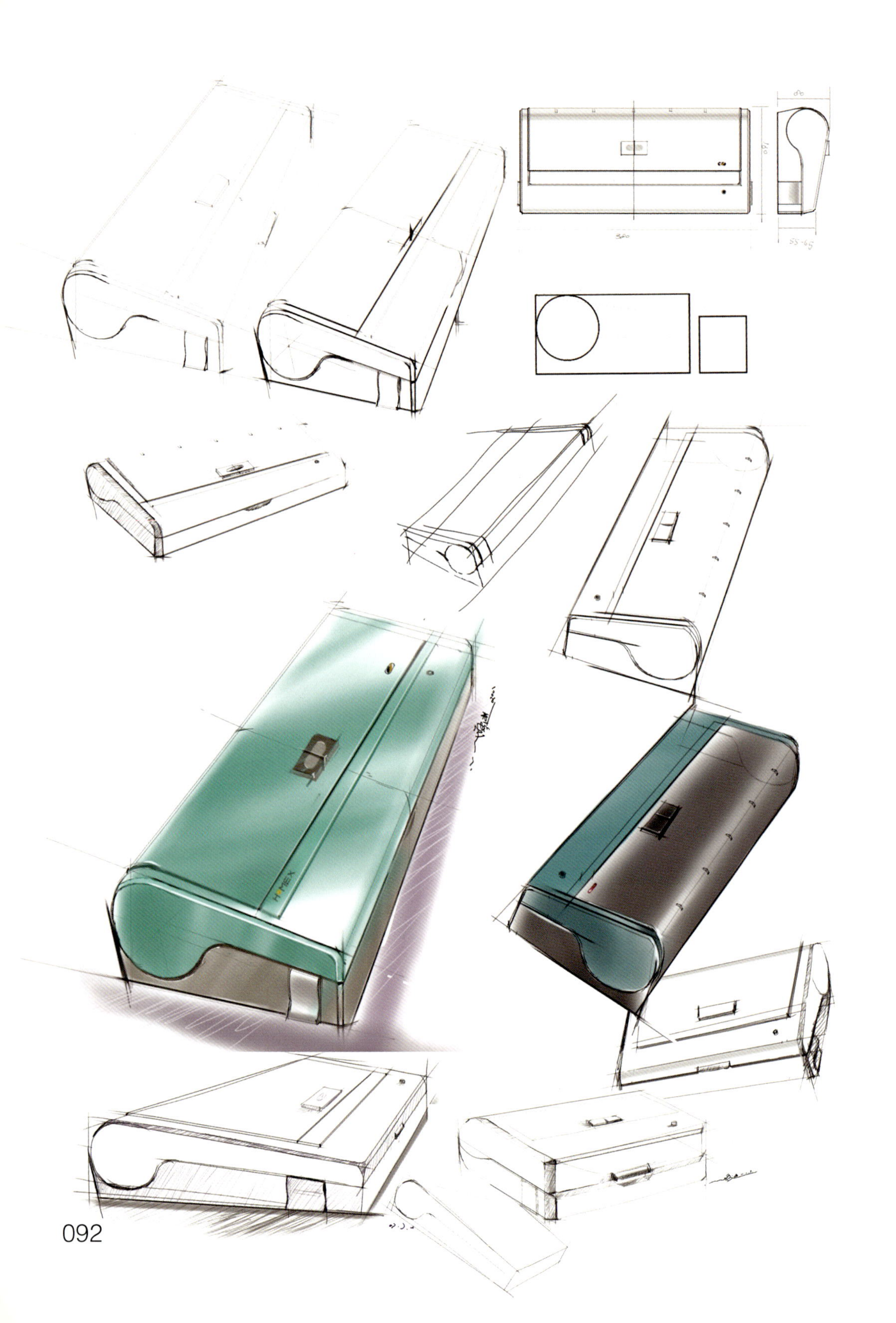

日用产品

旅游水壶

日用产品

皮箱拉手

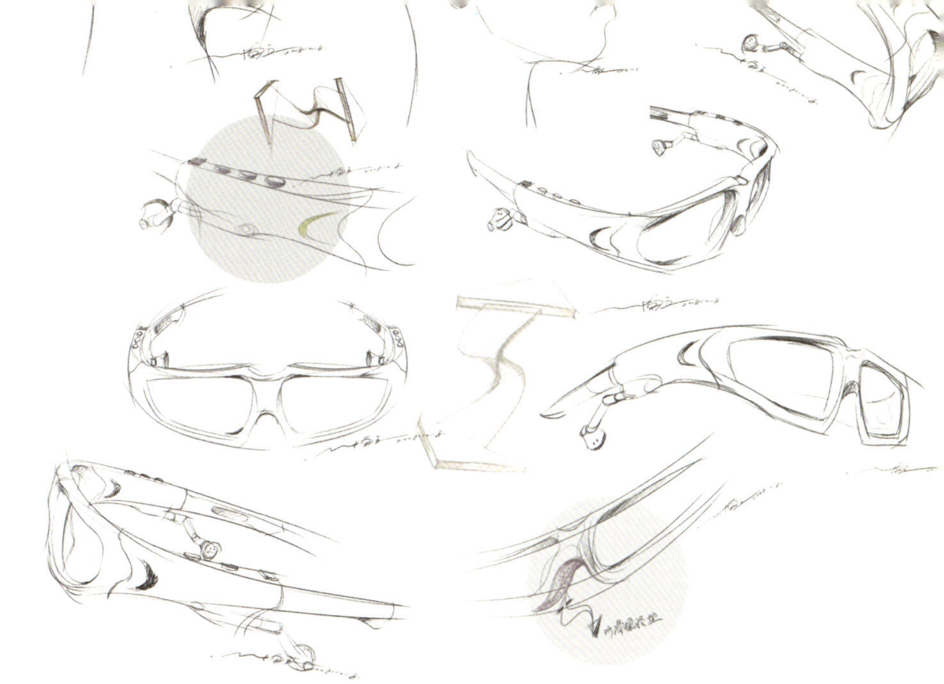

产品创意设计的人机使用关系

本章节介绍产品设计的人机使用关系，分析设计产品的使用环境和使用状况，产品与相关联系物件之间的关系及动作行为所产生的状态。读者可学会用变向角度来表达，通过简单或复杂的模拟，寻找设计中存在的问题，哪些是设计不合理的因素？如何解决问题？用何种方法解决？问题解决后又如何科学地评价、验证设计？通过与产品设计相关状况，进行系统模拟，寻找最佳解决的方法，满足各种生产工作的需要。

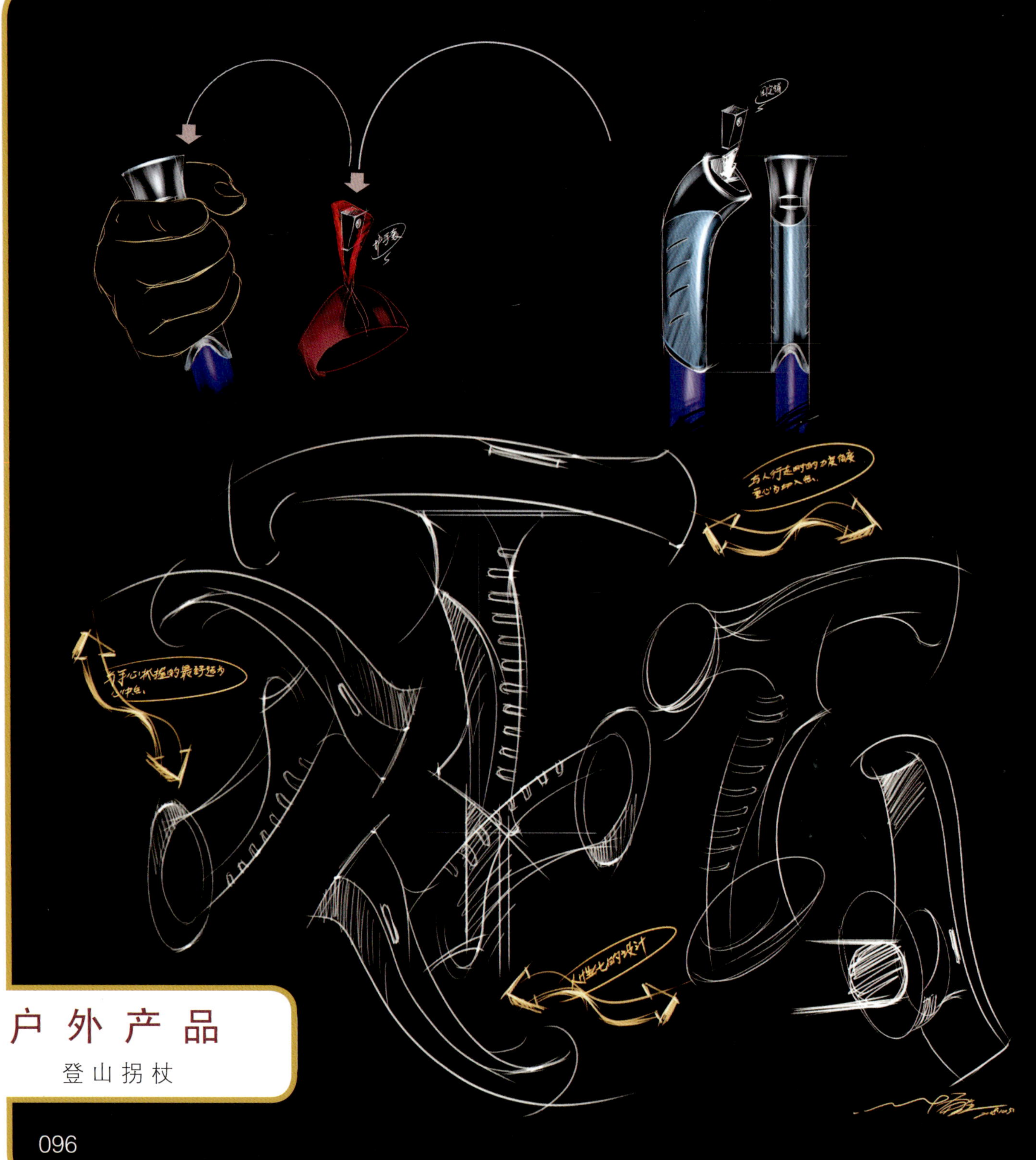

户外产品

登山拐杖

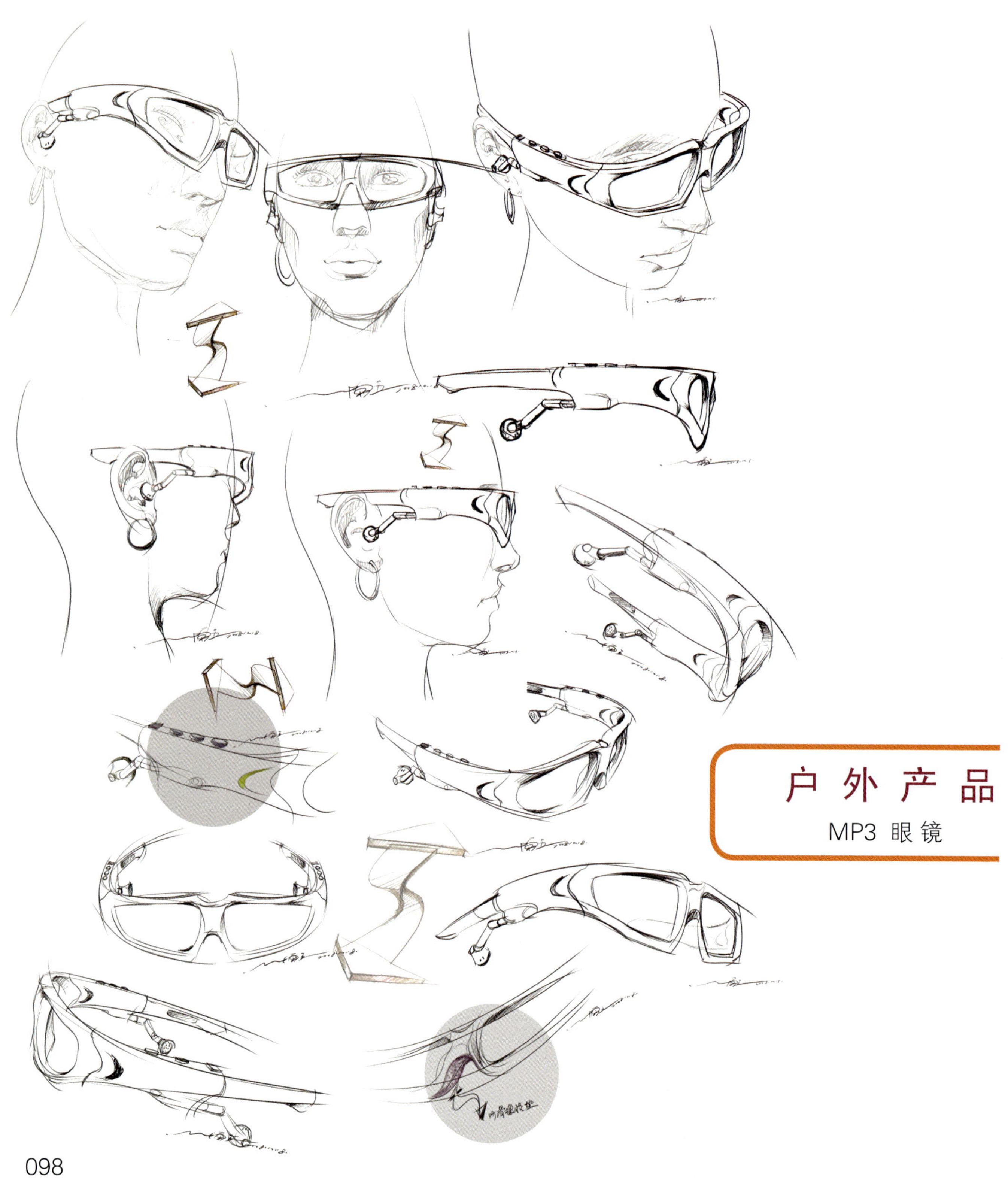

户外产品

MP3 眼镜

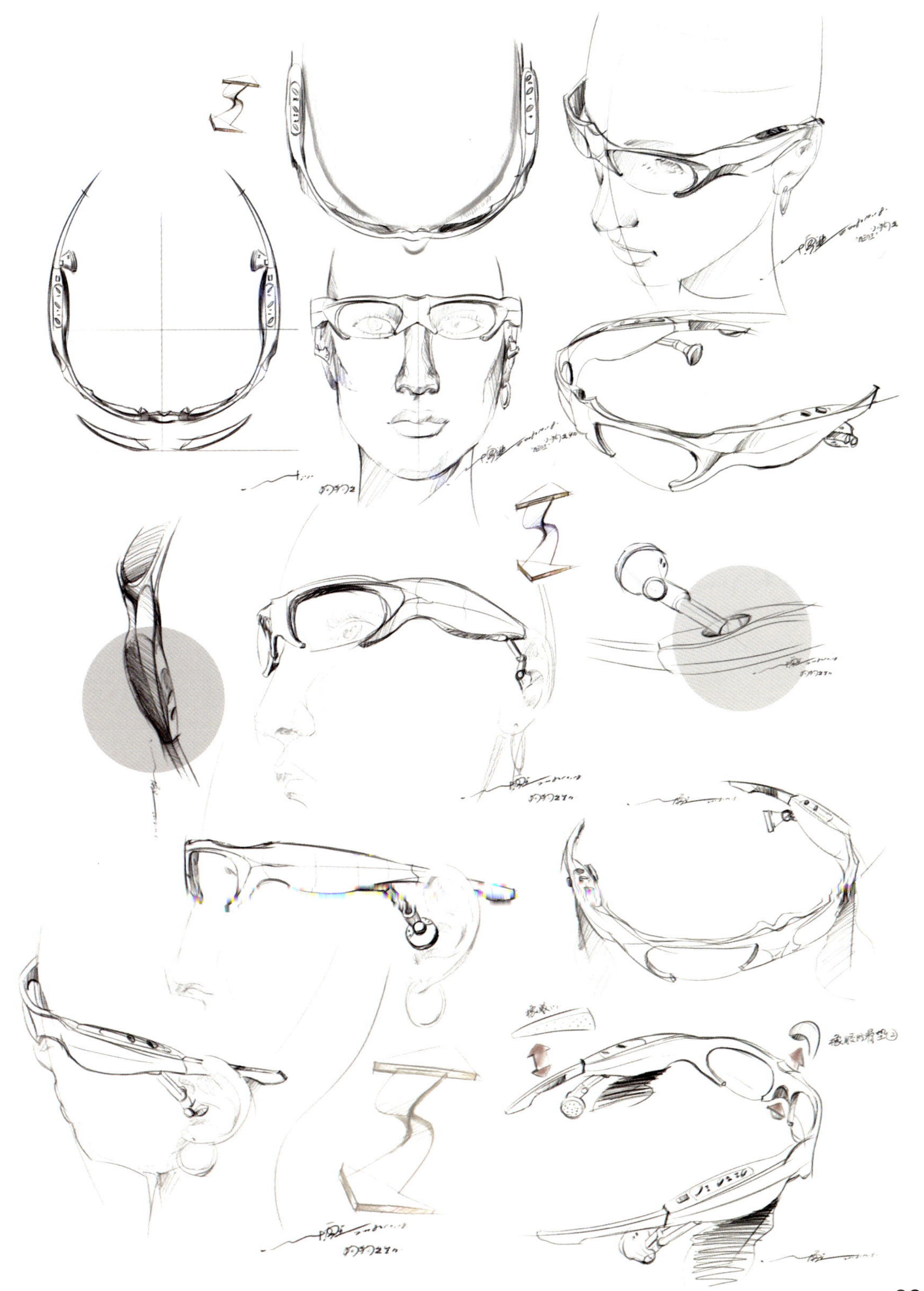

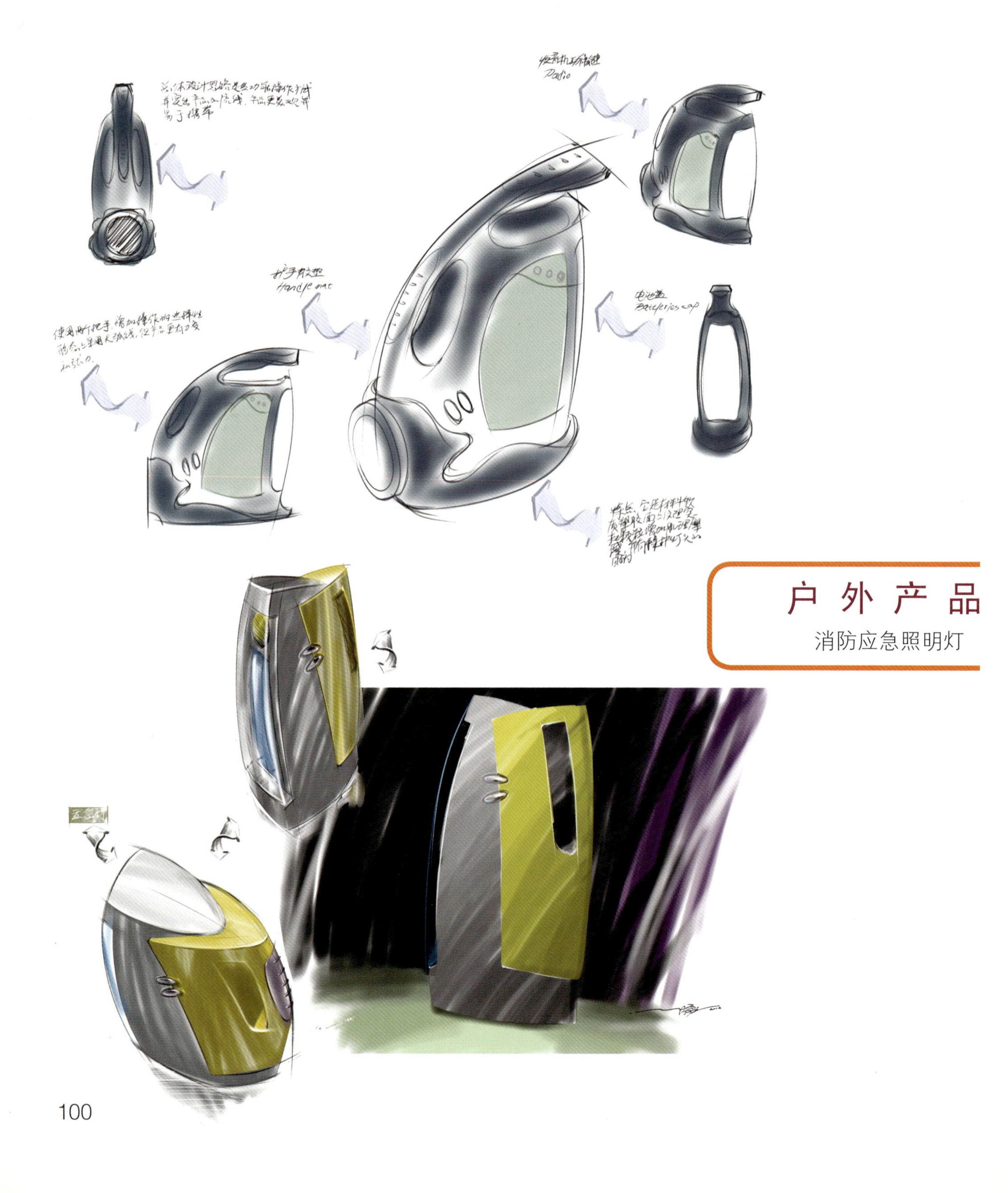

户外产品

消防应急照明灯

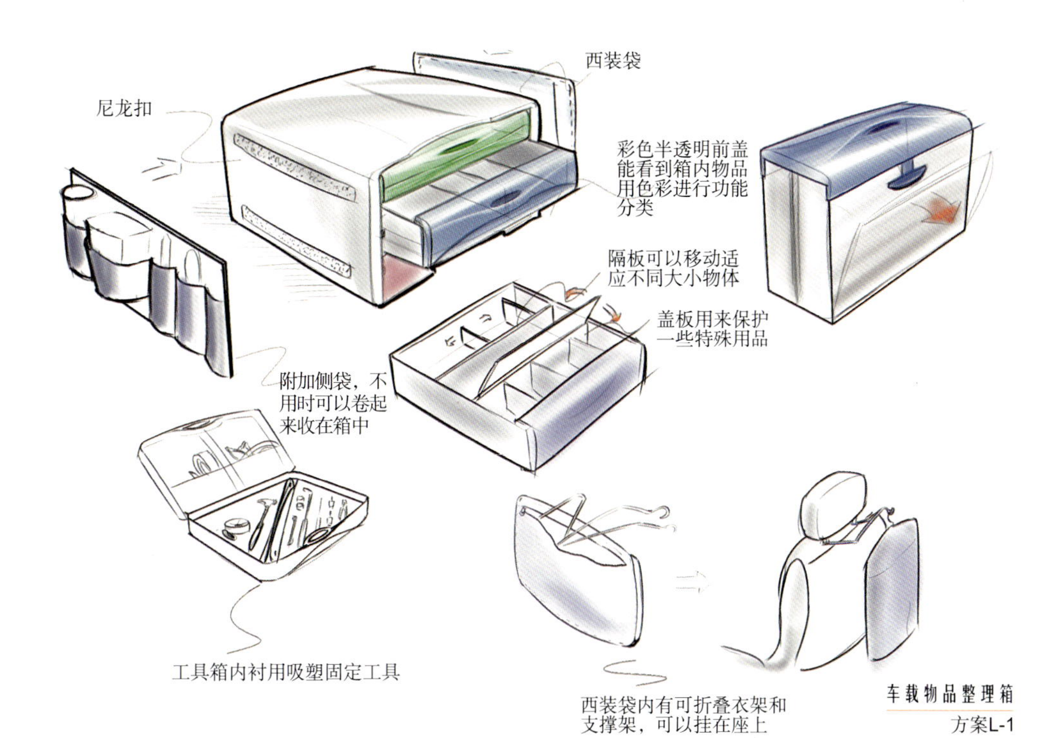

车载物品整理箱
方案L-1
车载物品整理箱
方案L-2

汽 车 产 品
车载物品整理箱

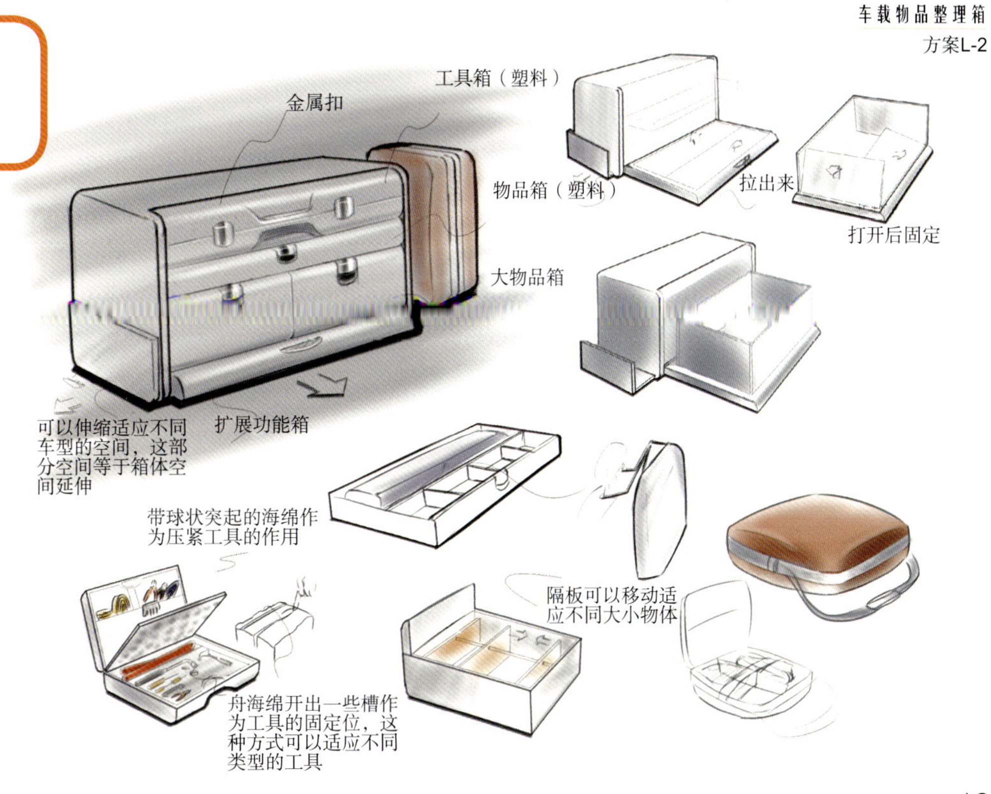

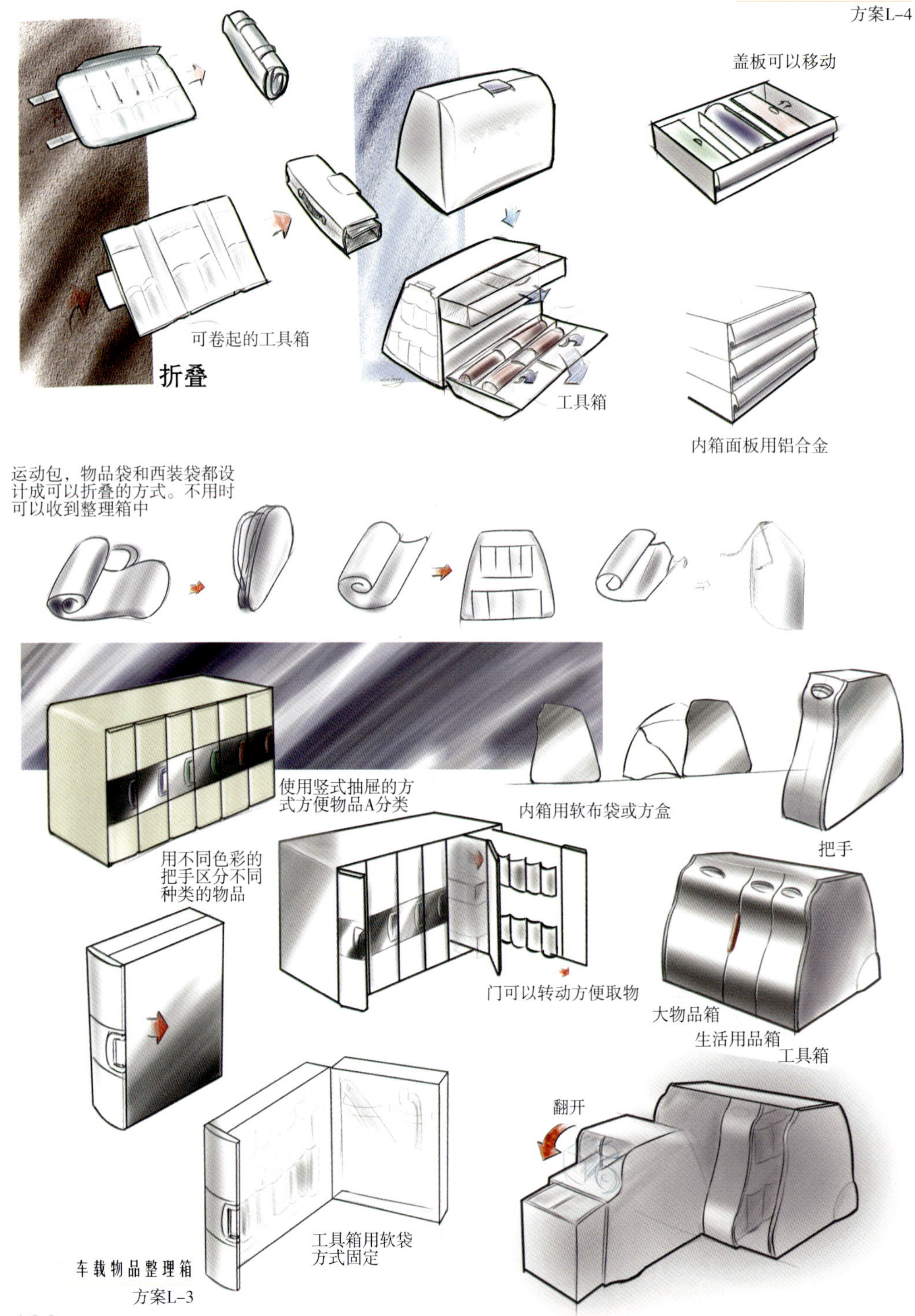

车载物品整理箱
方案L-3

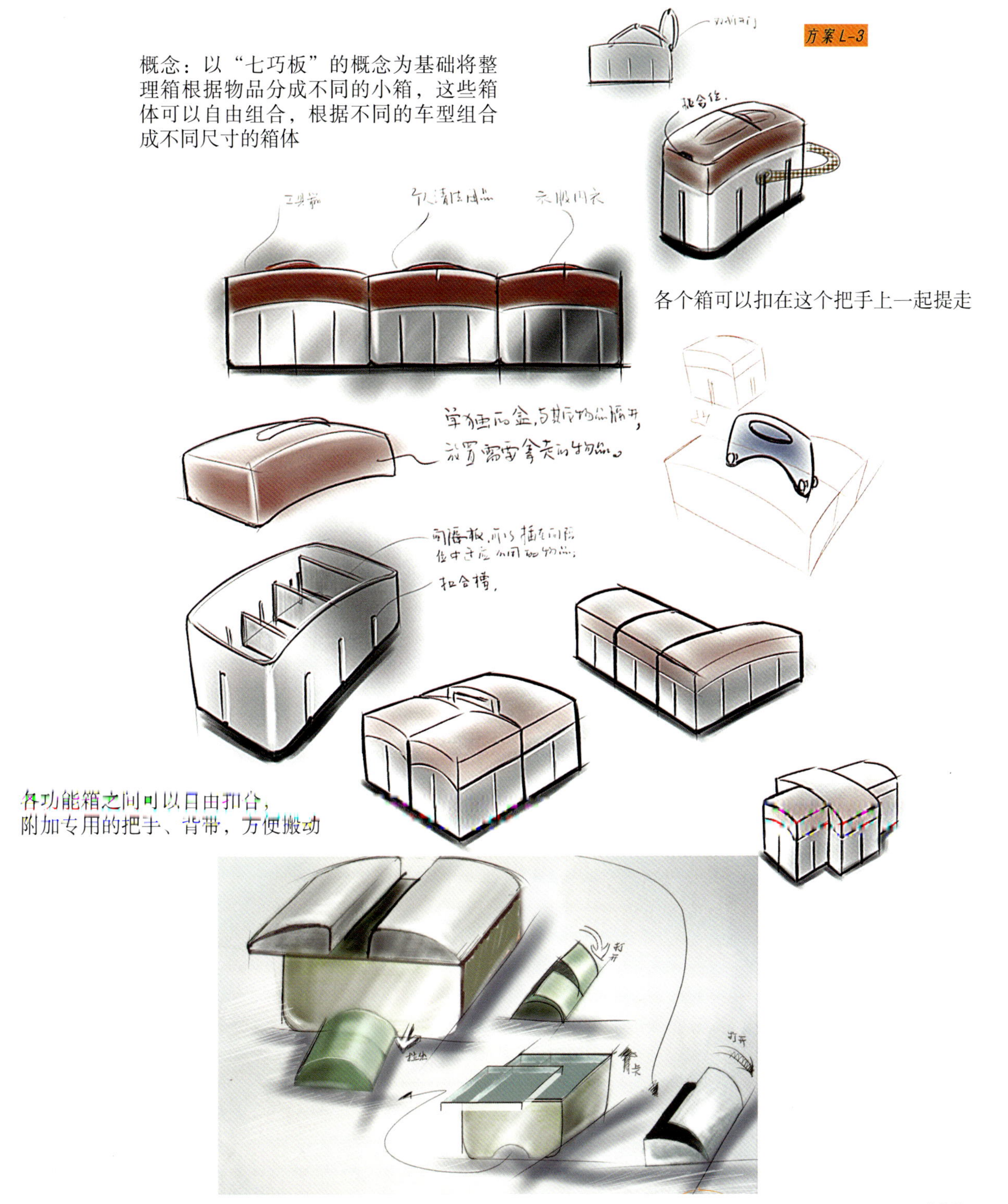

概念：以“七巧板”的概念为基础将整理箱根据物品分成不同的小箱，这些箱体可以自由组合，根据不同的车型组合成不同尺寸的箱体

各个箱可以扣在这个把手上一起提走

各功能箱之间可以自由扣合，
附加专用的把手、背带，方便搬动

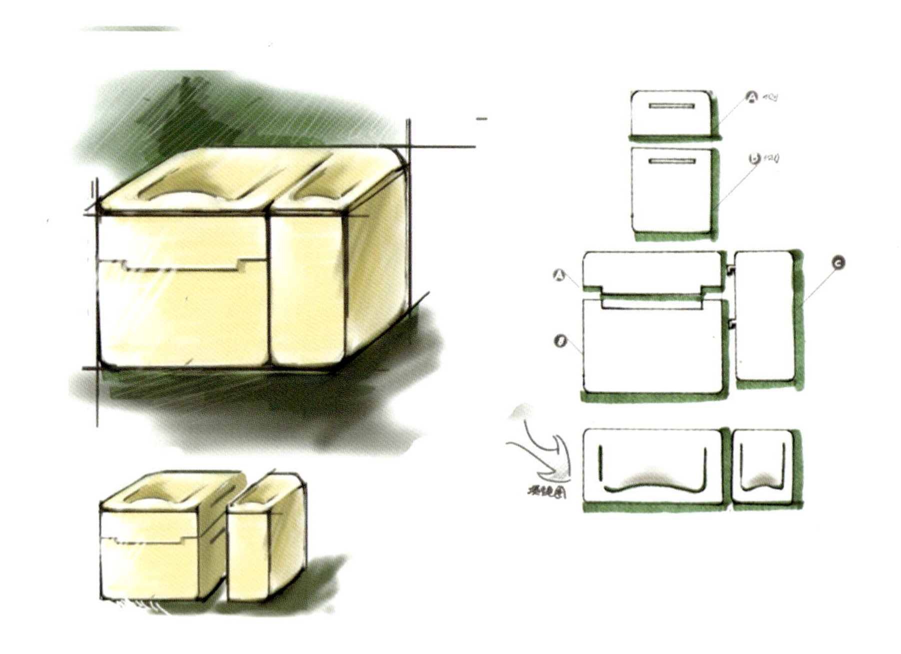

这款设计构思草图属于分体式设计。结构简洁，外形稳重时尚，易于生产和节约成本。盖子上的拉手线条优美。A箱与B箱的焊接处合理稳固。C箱挂在A、B箱侧，整体设计风格稳固统一、有趣味性

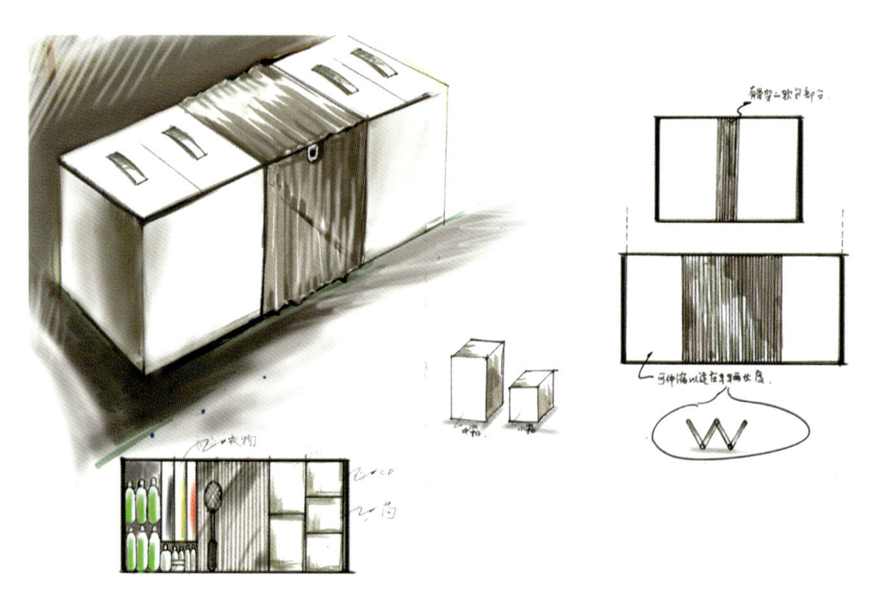

这是一款长度可伸缩的汽车整理箱的设计草图。两边是固定的塑料箱体，中间连接部分采用可伸缩（有骨架）的软式包，可伸缩适应车辆长度，固定箱体部分每边分两个上抽的箱，里面有若干小箱，分别装上必需物品（方便存取），是简洁与合理的设计概念

这是一款组合式的汽车整理箱构思草图。由上、中、下三部分组成。上层可放衣物、洗涤用品等；中层放置药品、生活用品等；下层可放置矿泉水、工具箱等用品。每层独立，双手移开第一层可取第二层物品，移开第二层取第三层里的用品，结构简单，易于生产，节约成本

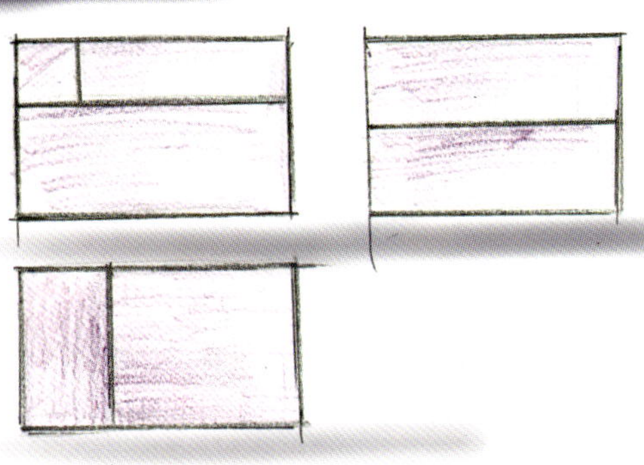

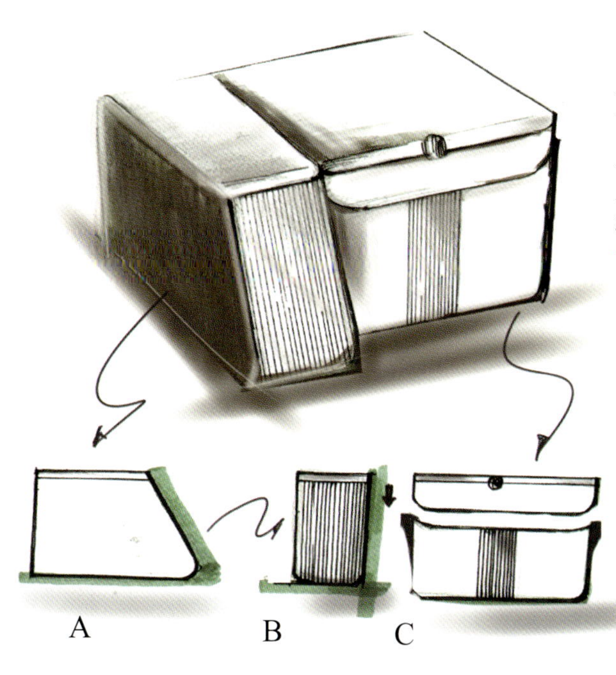

这是一款设计构思，是三合一的组合风格。A箱的斜面设计与B箱的方形设计形成对比而又统一的风格，面上有条状装饰线，ABC三箱组合，时尚、整体而又有变化，是合理的设计构思

这款整理箱设计构思草图是属于整体式的设计。开盖后第一层取下来可拿第二层的东西，移开第二层小盒（C）再挪开B可露出第三层，取用里面物品，结构合理，易于存放物品

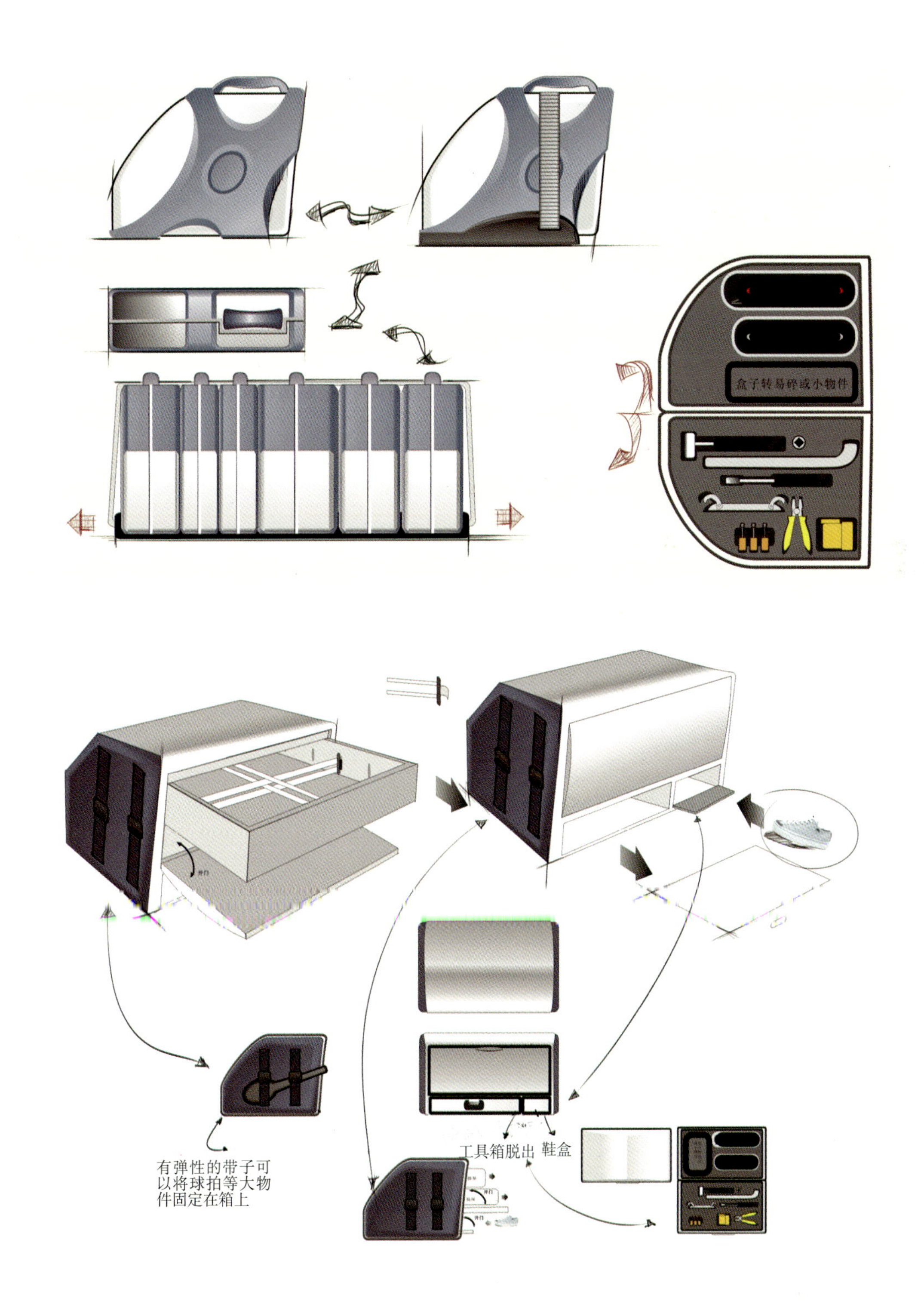
盒子转易碎或小物件
有弹性的带子可
以将球拍等大物
件固定在箱上
工具箱脱出
鞋盒

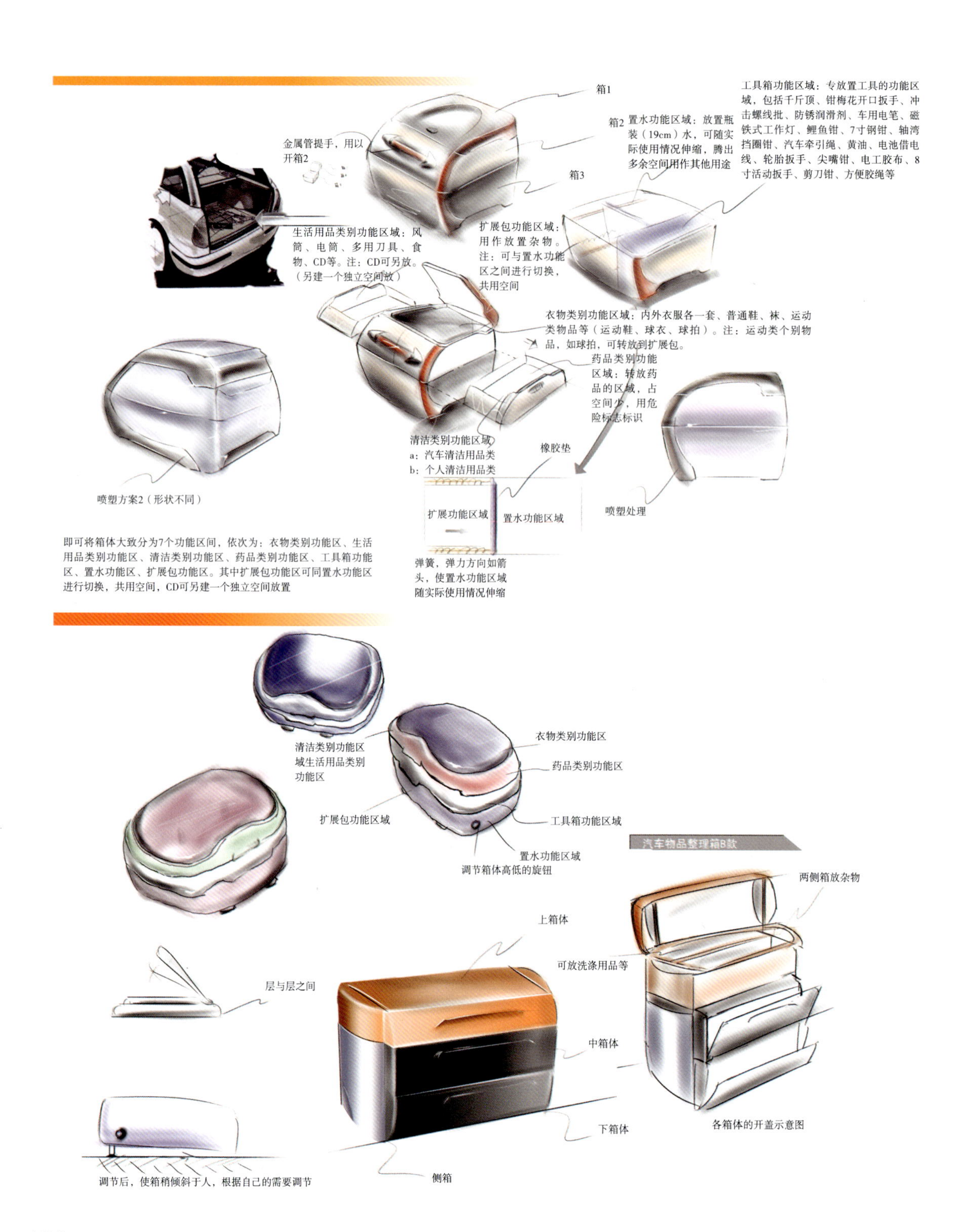

即可将箱体大致分为7个功能区间，依次为：衣物类别功能区、生活用品类别功能区、清洁类别功能区、药品类别功能区、工具箱功能区、置水功能区、扩展包功能区。其中扩展包功能区可同置水功能区进行切换，共用空间，CD可另建一个独立空间放置

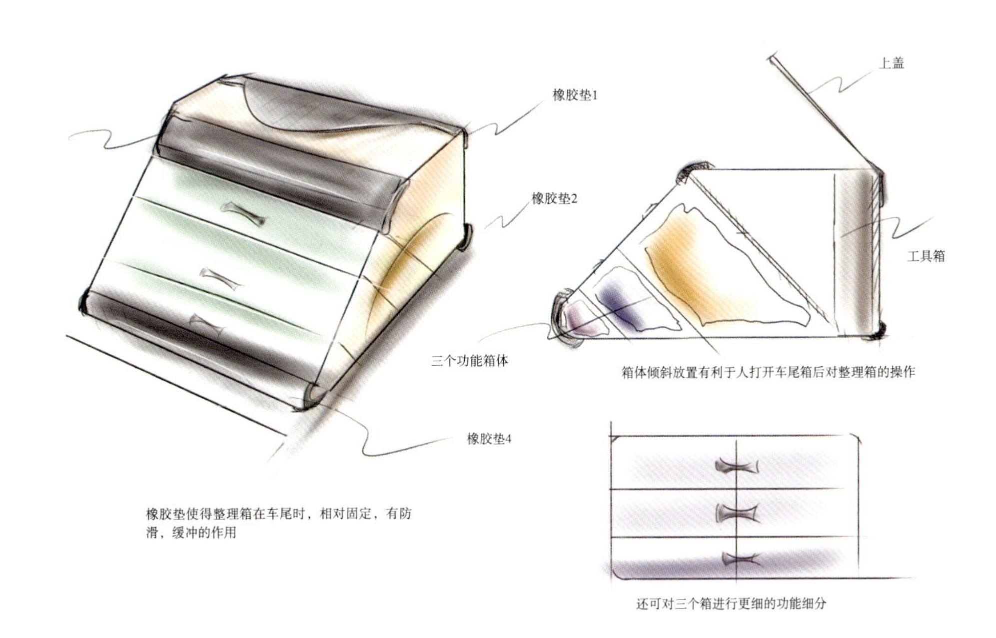

橡胶垫1
上盖
橡胶垫2
工具箱
三个功能箱体
箱体倾斜放置有利于人打开车尾箱后对整理箱的操作
橡胶垫4
橡胶垫使得整理箱在车尾时，相对固定，有防滑，缓冲的作用
还可对三个箱进行更细的功能细分

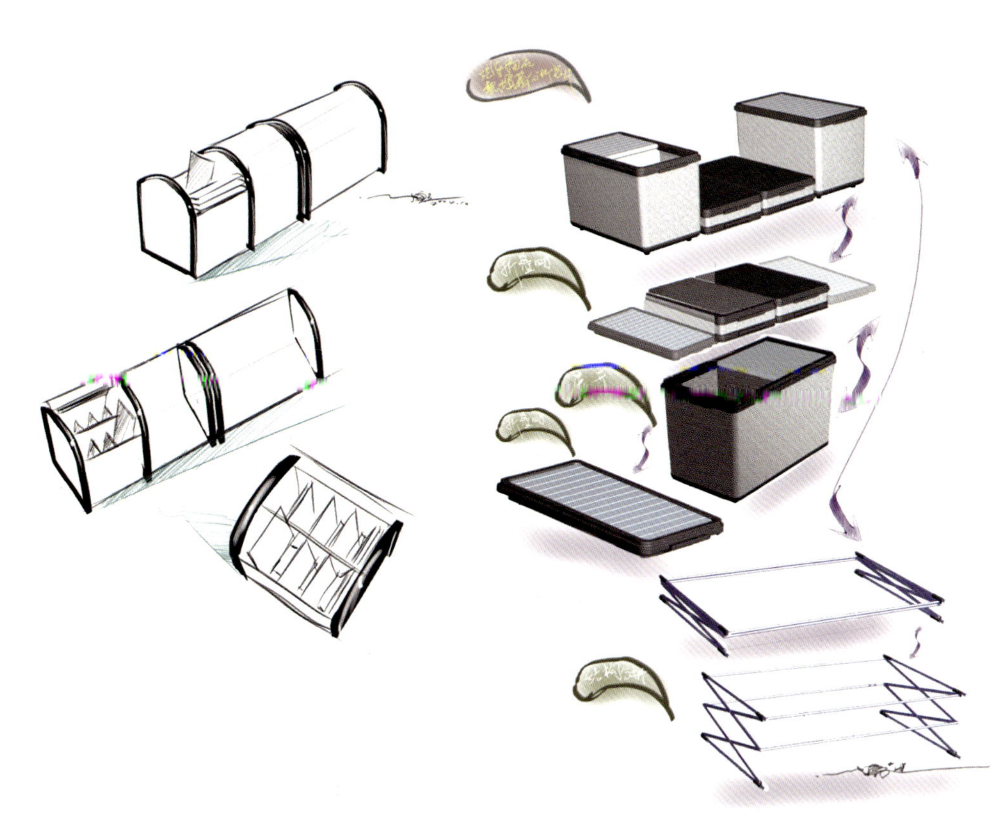

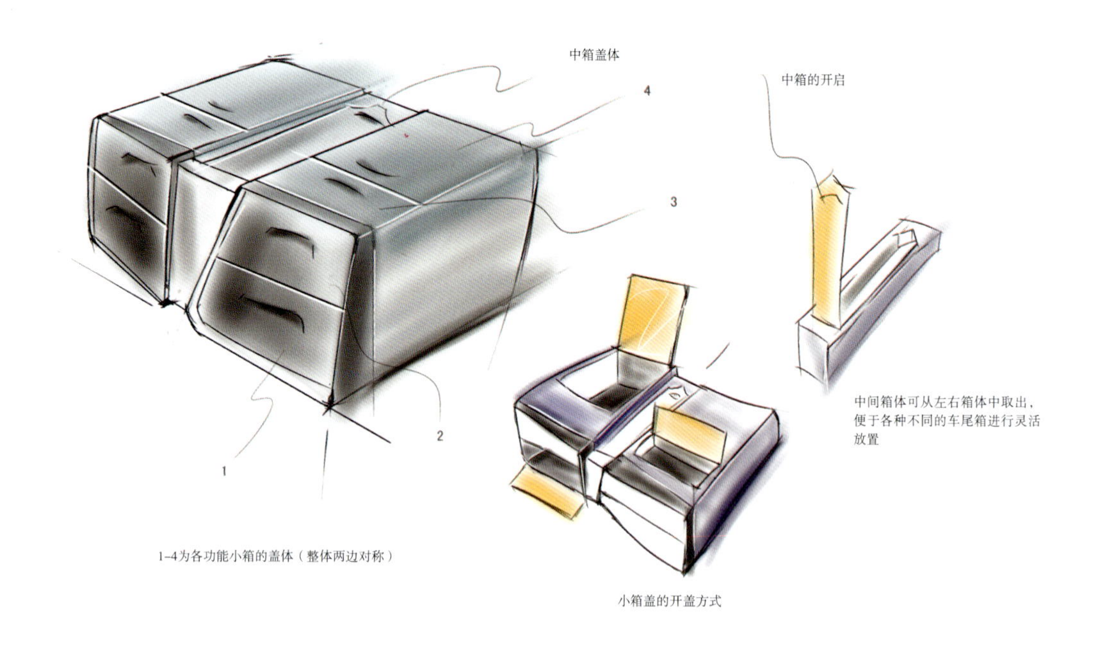
中箱盖体
4
3
2
1
中箱的开启
中间箱体可从左右箱体中取出，
便于各种不同的车尾箱进行灵活
放置
1–4为各功能小箱的盖体（整体两边对称）
小箱盖的开盖方式

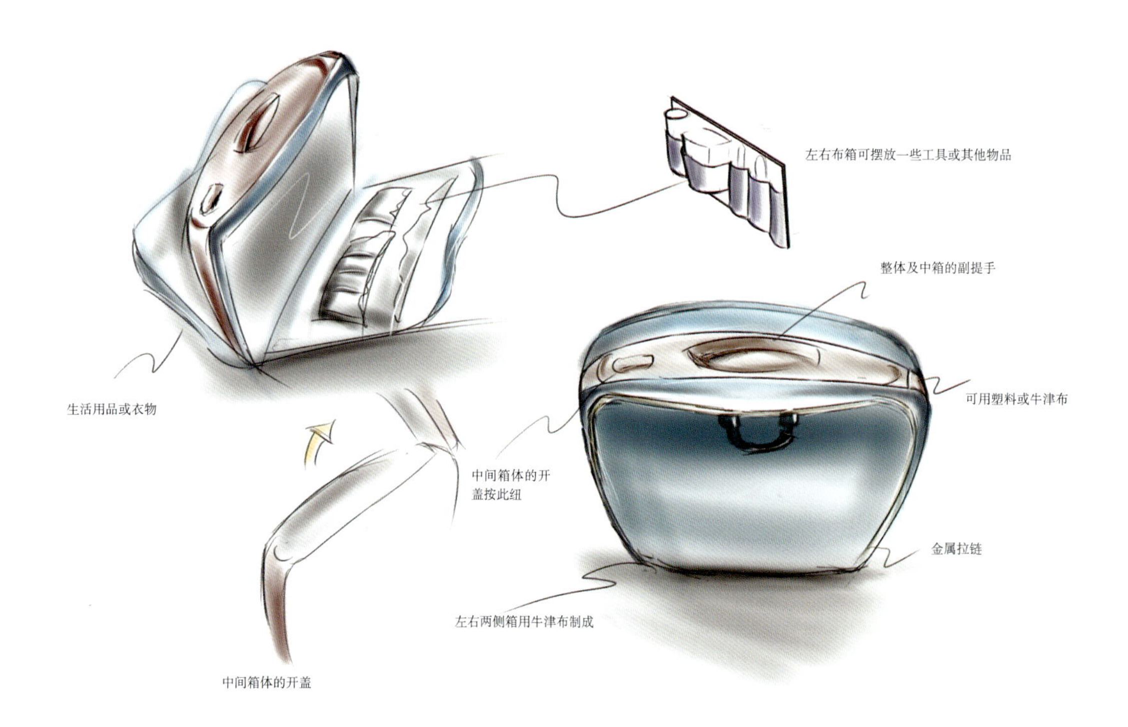
左右布箱可摆放一些工具或其他物品
整体及中箱的副提手
生活用品或衣物
可用塑料或牛津布
中间箱体的开
盖按此纽
金属拉链
左右两侧箱用牛津布制成
中间箱体的开盖

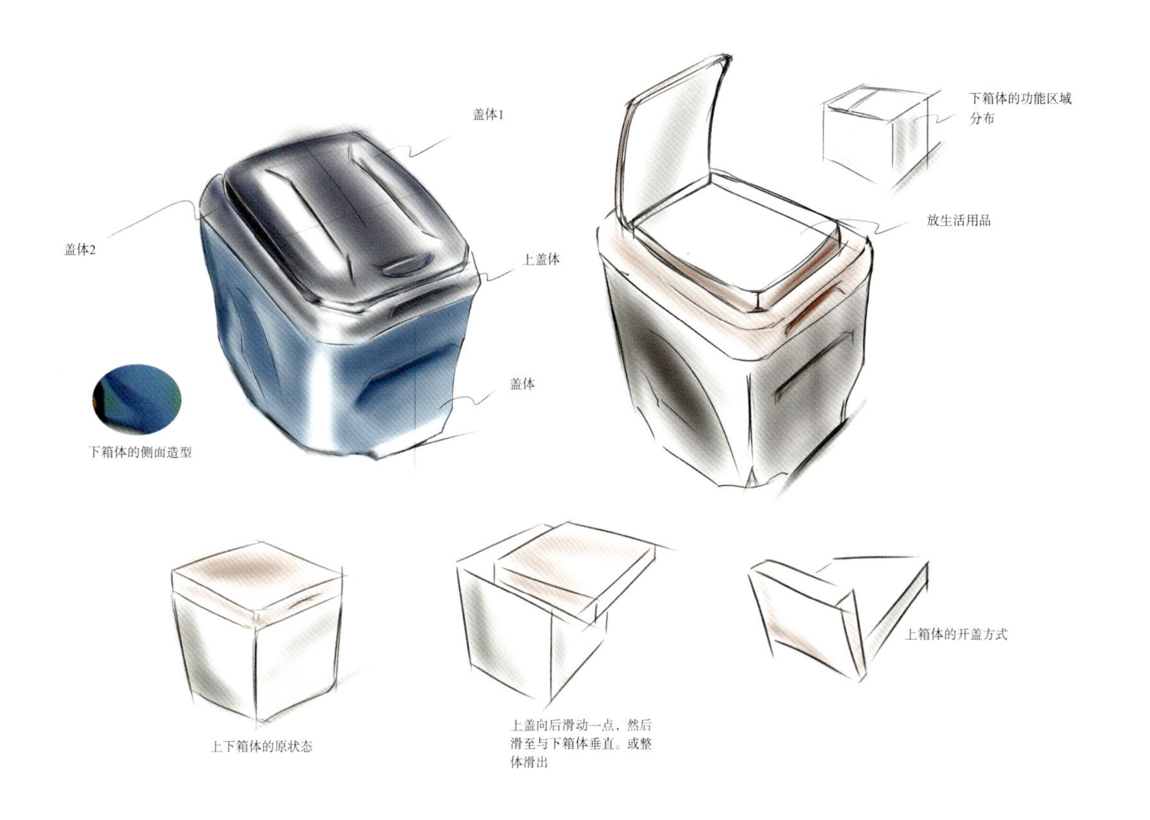
盖体1
盖体2
上盖体
盖体
下箱体的侧面造型
下箱体的功能区域
分布
放生活用品
上下箱体的原状态
上盖向后滑动一点，然后
滑至与下箱体垂直。或整
体滑出
上箱体的开盖方式

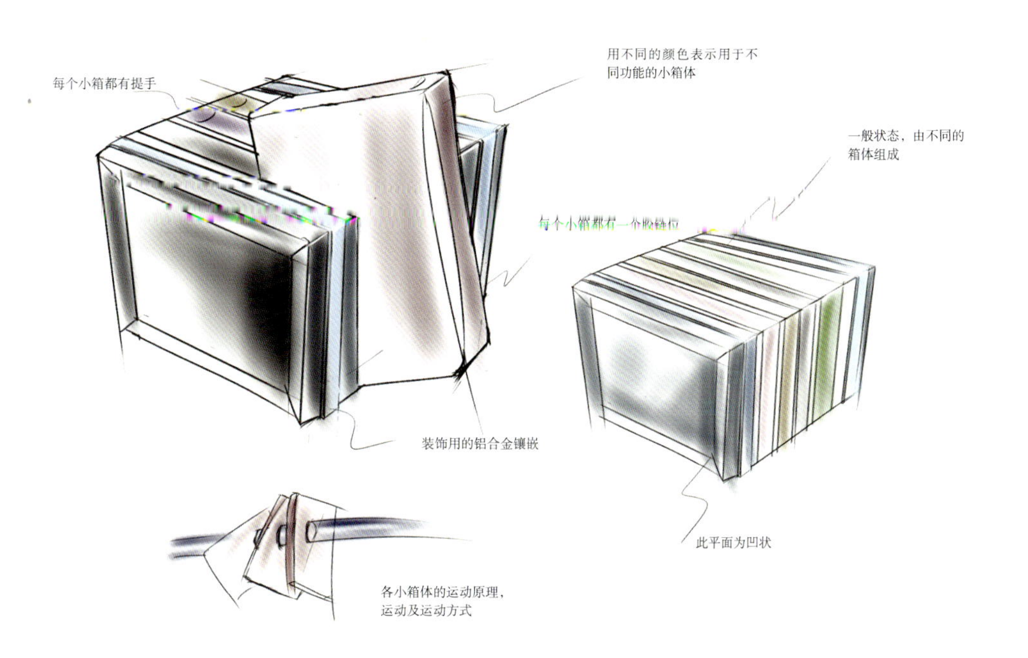
每个小箱都有提手
用不同的颜色表示用于不
同功能的小箱体
一般状态，由不同的
箱体组成
每个小箱都有一个铰链位
装饰用的铝合金镶嵌
此平面为凹状
各小箱体的运动原理，
运动及运动方式

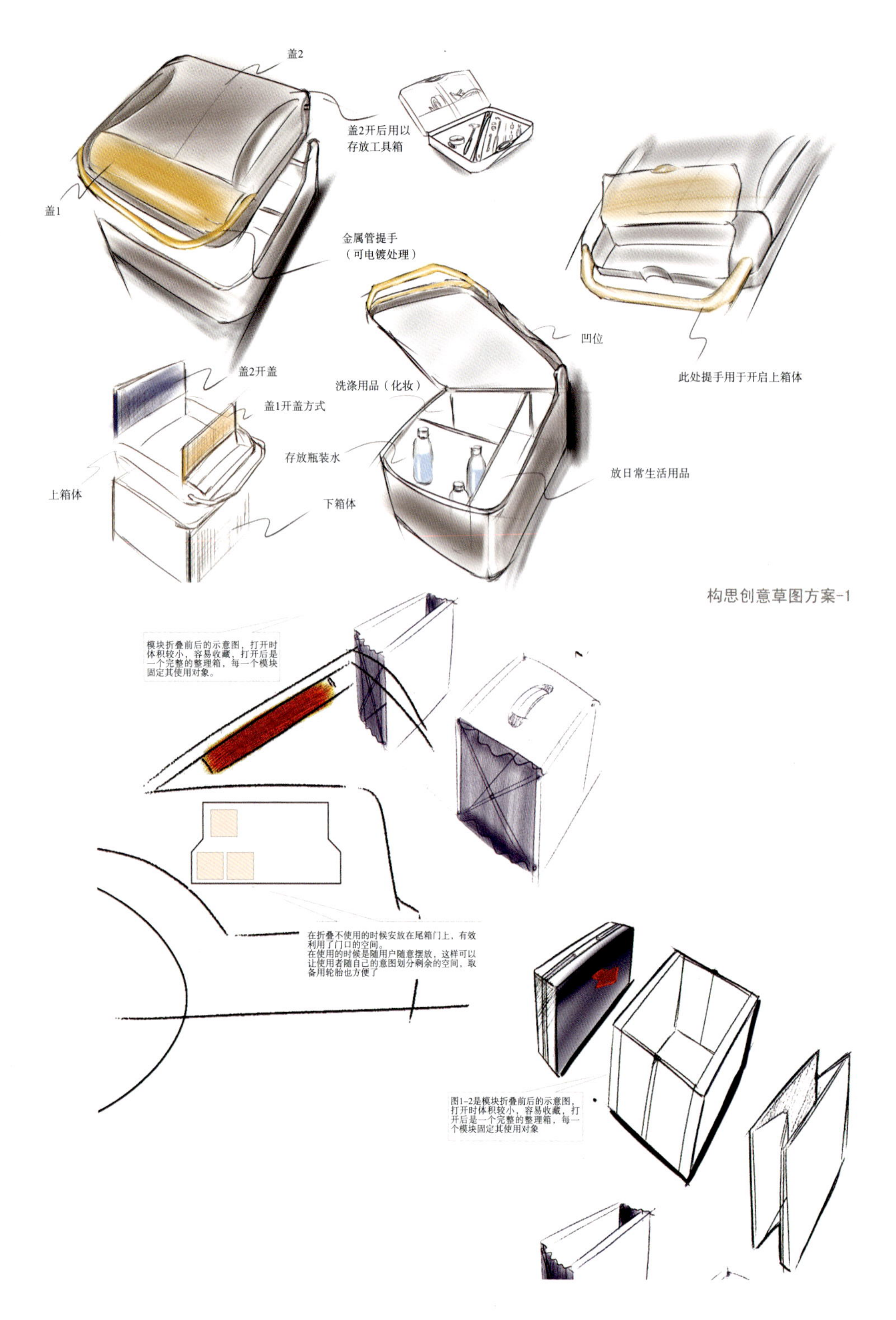
盖2
盖2开后用以存放工具箱
盖1
金属管提手（可电镀处理）
凹位
此处提手用于开启上箱体
盖2开盖
盖1开盖方式
洗涤用品（化妆）
存放瓶装水
上箱体
下箱体
放日常生活用品
模块折叠前后的示意图，打开时体积较小，容易收藏，打开后是一个完整的整理箱，每一个模块固定其使用对象。
在折叠不使用的时候安放在尾箱门上，有效利用了门口的空间。
在使用的时候是随用户随意摆放，这样可以让使用者随自己的意图划分剩余的空间，取备用轮胎也方便了
图1-2是模块折叠前后的示意图，打开时体积较小，容易收藏，打开后是一个完整的整理箱，每一个模块固定其使用对象

构思创意草图方案-1

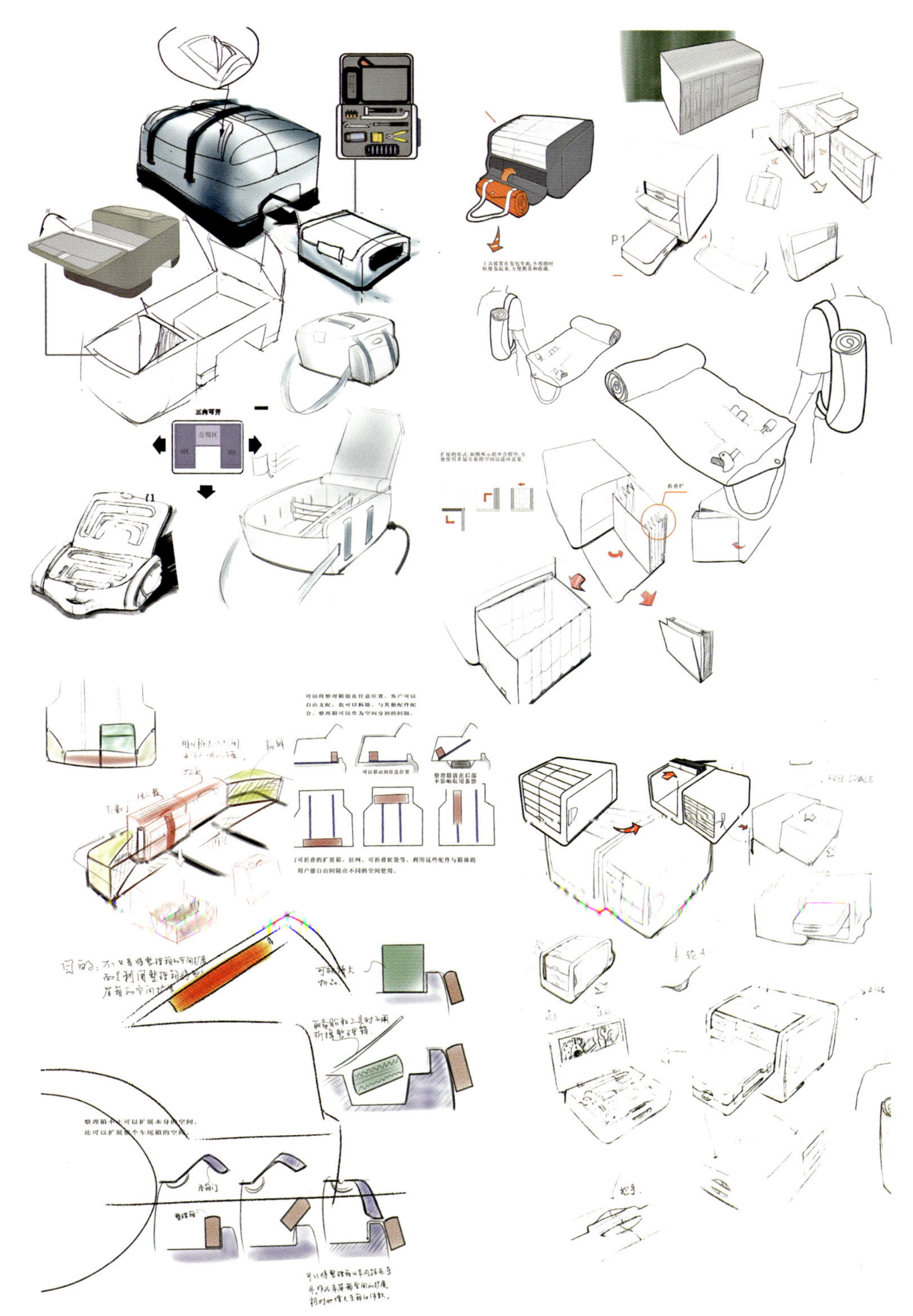

三向可开
公用区
可以将整理箱放在任意位置。客户可以自由支配，也可以拆除，与其他配件配合，整理箱可以作为空间分割的间隔。
可以移动到任意位置
整理箱放在后部
不影响取用备胎
可折叠的扩展箱，拉网，可折叠软袋等，利用这些配件与箱体的
用户能自由间隔出不同的空间使用。
整理箱不止可以扩展本身的空间，
还可以扩展整个车尾箱的空间。
开箱门
FREE SPACE

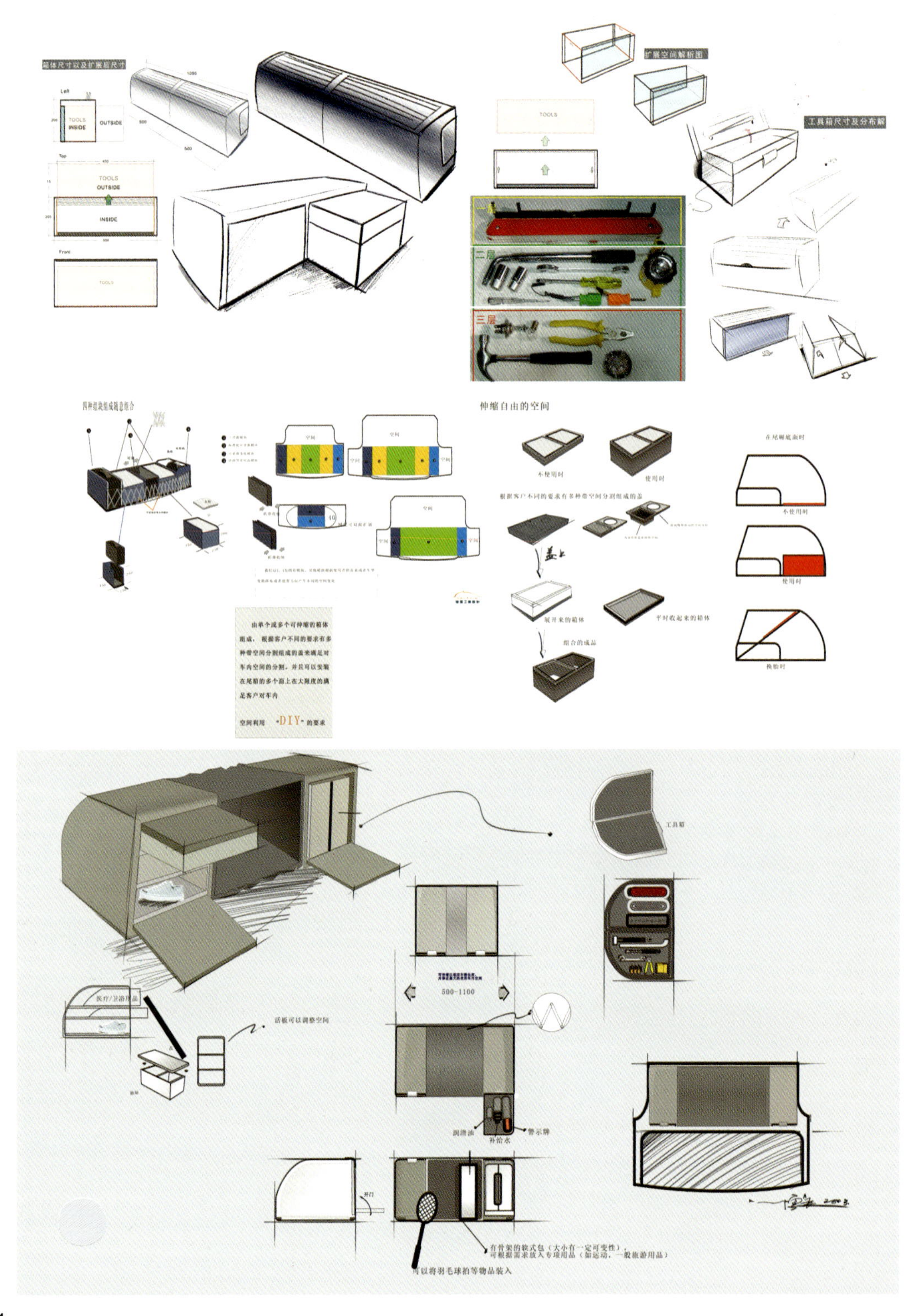
箱体尺寸以及扩展后尺寸
TOOLS
INSIDE
OUTSIDE
扩展空间解析图
工具箱尺寸及分布解
TOOLS
一层
二层
三层
四种组块组成随意组合
伸缩自由的空间
不使用时
使用时
在尾厢底面时
不使用时
使用时
拖船时
由单个或多个可伸缩的箱体组成，根据客户不同的要求有多种带空间分割组成的盖来满足对车内空间的分割，并且可以安装在尾箱的多个面上在大限度的满足客户对车内
空间利用 "DIY" 的要求
展开来的箱体
平时收起来的箱体
组合的成品
工具箱
医疗/卫浴用品
活板可以调整空间
500-1100
润滑油
补给水
警示牌
开门
有骨架的软式包（大小有一定可变性），可根据需求放入专项用品（如运动，一般旅游用品）
可以将羽毛球拍等物品装入

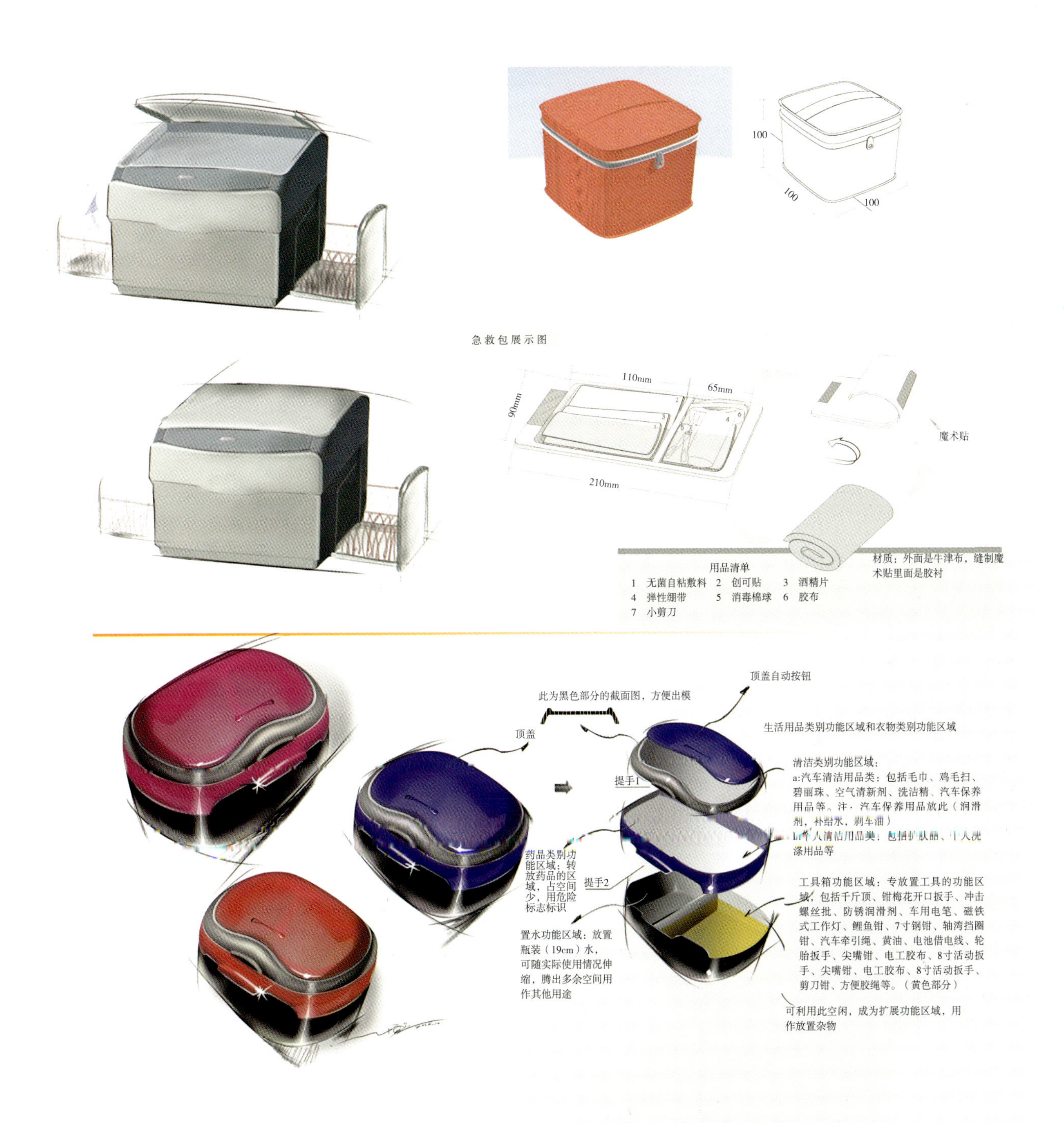
100
100
100
急救包展示图
110mm
65mm
90mm
210mm
魔术贴
用品清单
1 无菌自粘敷料 2 创可贴 3 酒精片
4 弹性绷带 5 消毒棉球 6 胶布
7 小剪刀
材质：外面是牛津布，缝制魔术贴里面是胶衬
顶盖自动按钮
此为黑色部分的截面图，方便出模
顶盖
生活用品类别功能区域和衣物类别功能区域
提手1
清洁类别功能区域：
a:汽车清洁用品类：包括毛巾、鸡毛扫、碧丽珠、空气清新剂、洗洁精、汽车保养用品等。注：汽车保养用品放此（润滑剂，补给水，刹车油）
b:个人清洁用品类：包括护肤品、个人洗涤用品等
药品类别功能区域：转放药品的区域，占空间少，用危险标志标识
提手2
工具箱功能区域：专放置工具的功能区域，包括千斤顶、钳梅花开口扳手、冲击螺丝批、防锈润滑剂、车用电笔、磁铁式工作灯、鲤鱼钳、7寸钢钳、轴湾挡圈钳、汽车牵引绳、黄油、电池借电线、轮胎扳手、尖嘴钳、电工胶布、8寸活动扳手、尖嘴钳、电工胶布、8寸活动扳手、剪刀钳、方便胶绳等。（黄色部分）
置水功能区域：放置瓶装（19cm）水，可随实际使用情况伸缩，腾出多余空间用作其他用途
可利用此空闲，成为扩展功能区域，用作放置杂物

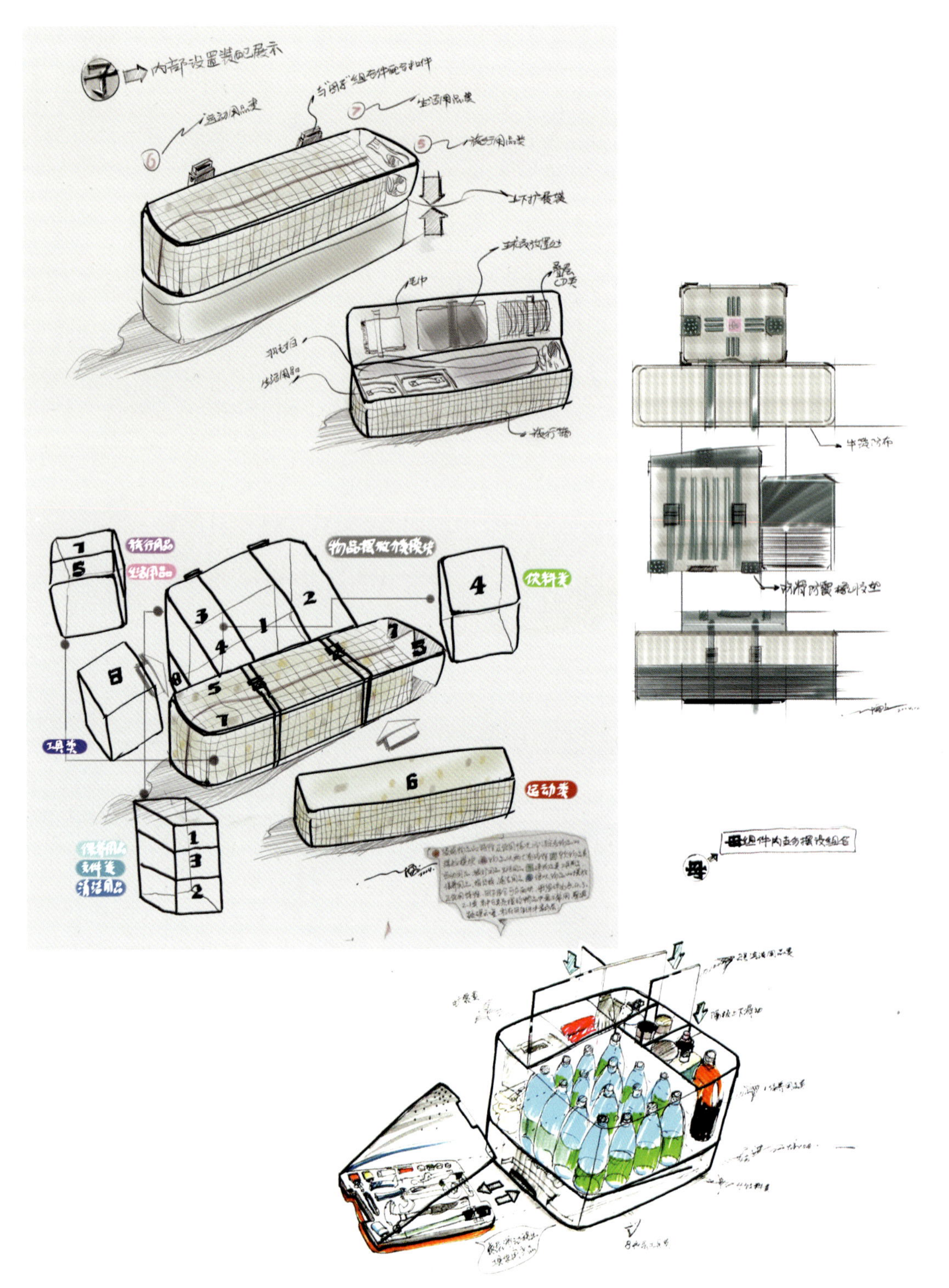

内部设置装配展示
旅行用品
生活用品
饮料类
工具类
运动类
文件类
清洁用品

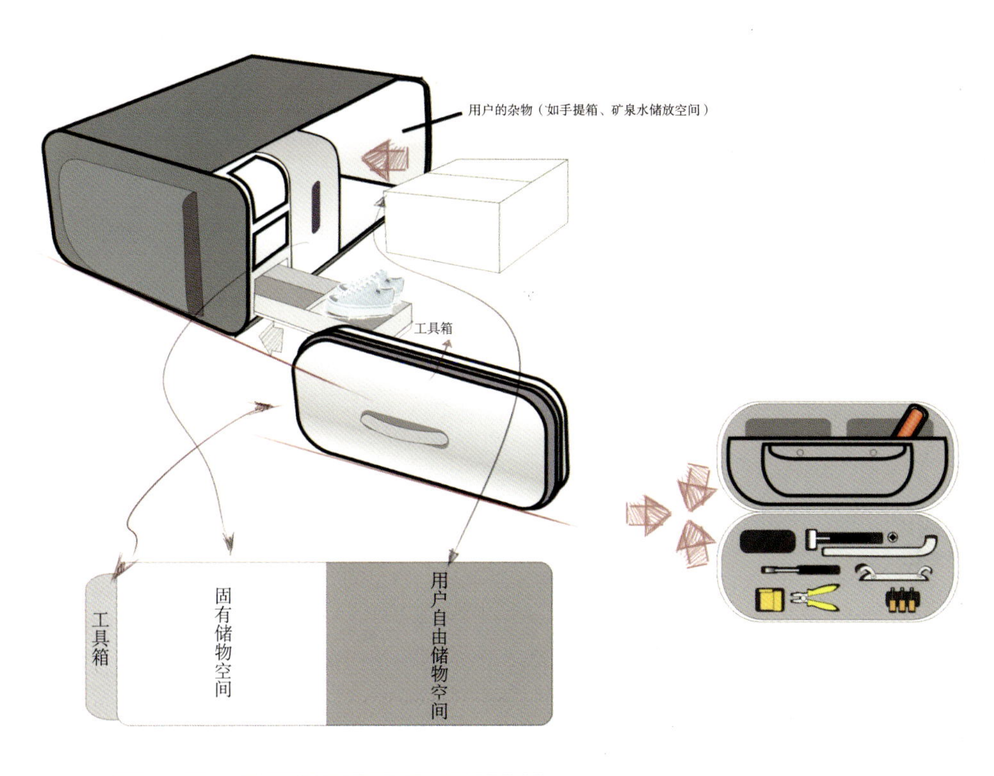

汽车物品整理箱B款

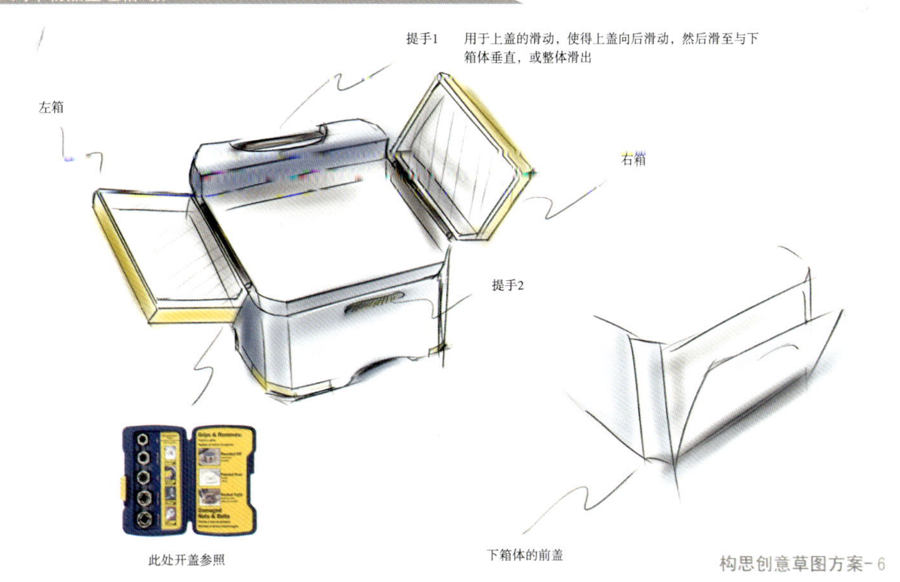

构思创意草图方案-6

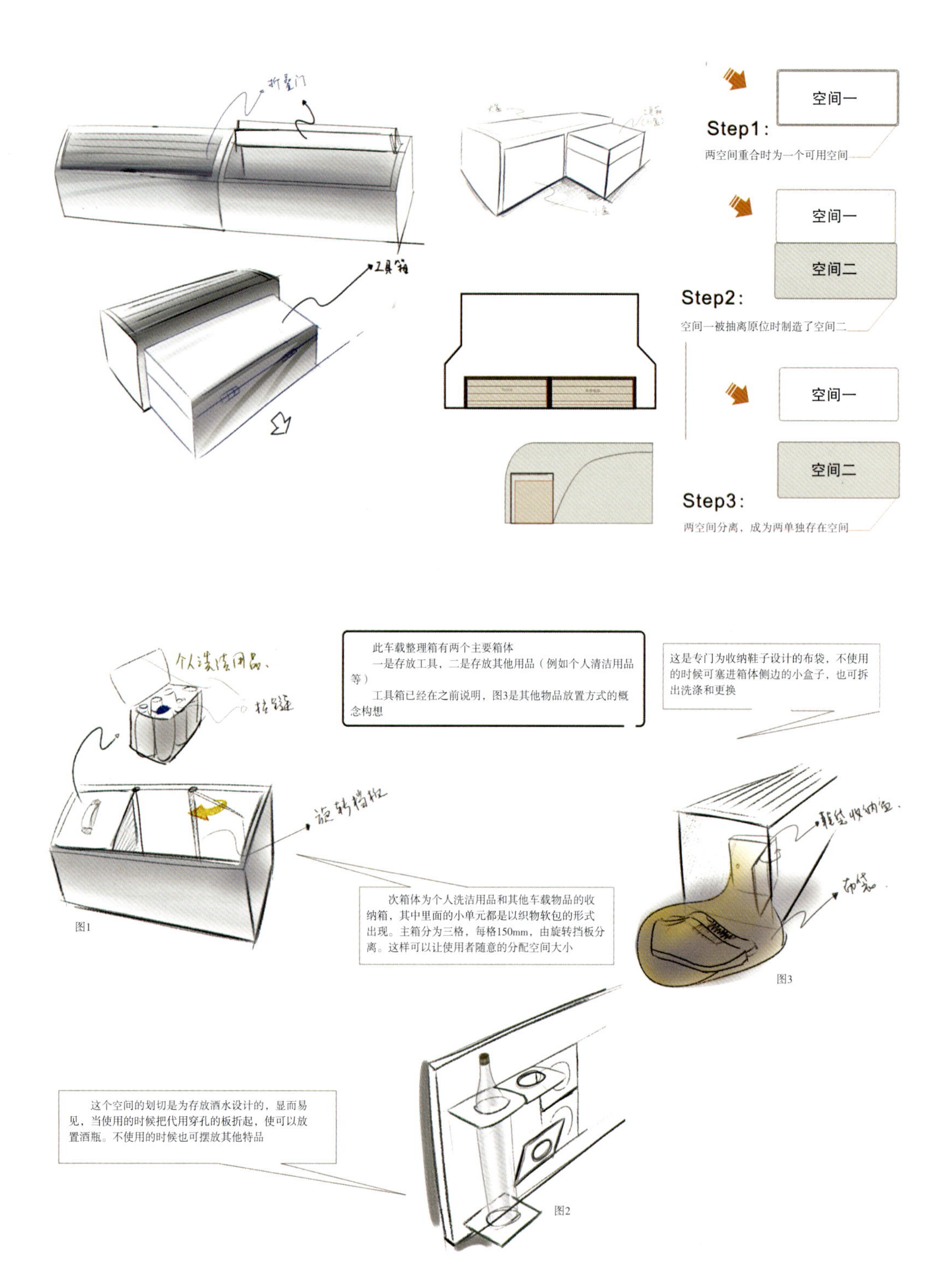
折叠门
工具箱
空间一
Step1：
两空间重合时为一个可用空间
空间一
空间二
Step2：
空间一被抽离原位时制造了空间二
空间一
空间二
Step3：
两空间分离，成为两单独存在空间
个人清洁用品
拉链
此车载整理箱有两个主要箱体
一是存放工具，二是存放其他用品（例如个人清洁用品等）
工具箱已经在之前说明，图3是其他物品放置方式的概念构想
这是专门为收纳鞋子设计的布袋，不使用的时候可塞进箱体侧边的小盒子，也可拆出洗涤和更换
旋转挡板
布袋
次箱体为个人洗洁用品和其他车载物品的收纳箱，其中里面的小单元都是以织物软包的形式出现。主箱分为三格，每格150mm，由旋转挡板分离。这样可以让使用者随意的分配空间大小
图1
图3
这个空间的划切是为存放酒水设计的，显而易见，当使用的时候把代用穿孔的板折起，使可以放置酒瓶。不使用的时候也可摆放其他特品
图2

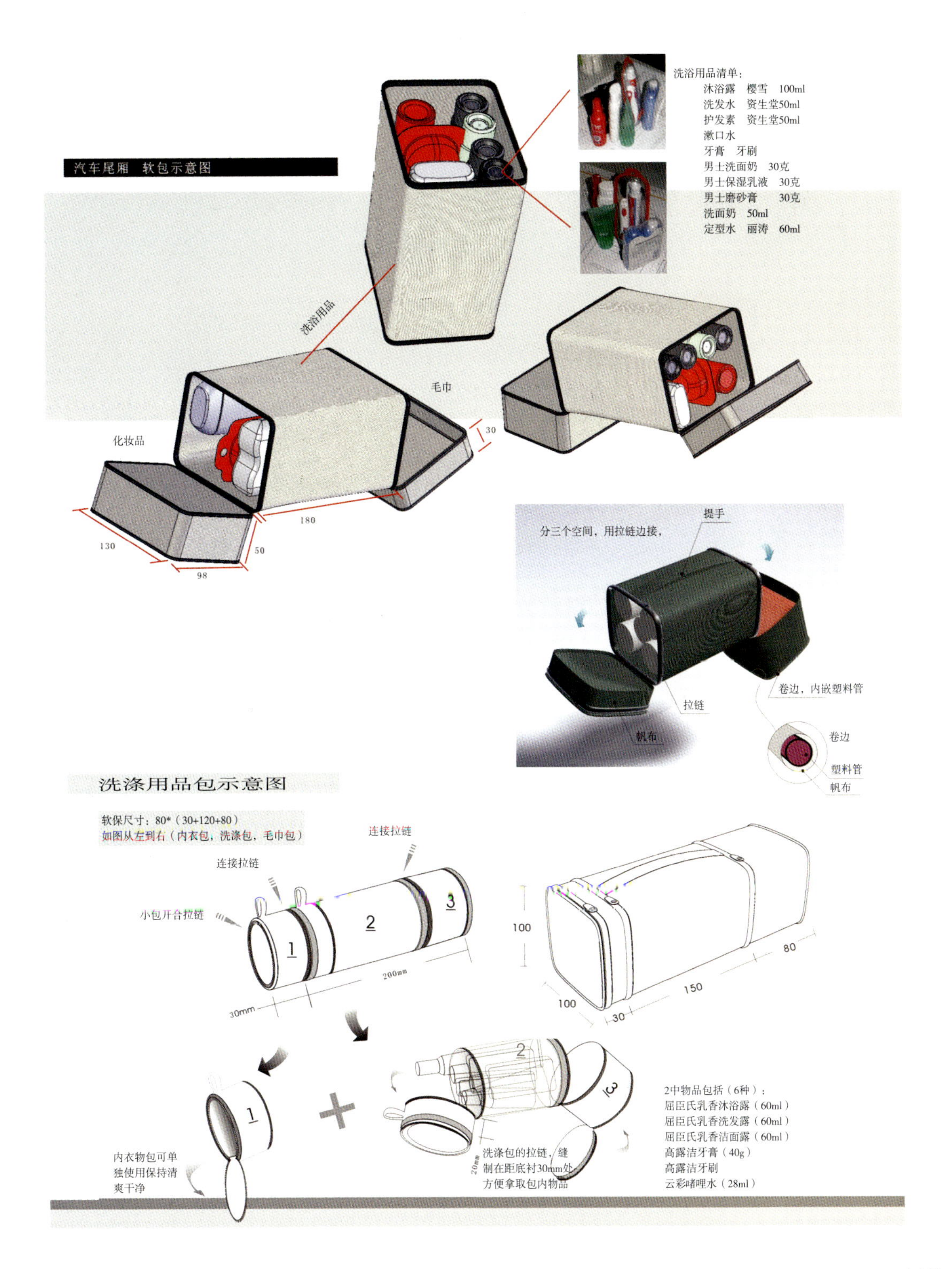
汽车尾厢　软包示意图
洗浴用品清单：
沐浴露　樱雪　100ml
洗发水　资生堂50ml
护发素　资生堂50ml
漱口水
牙膏　牙刷
男士洗面奶　30克
男士保湿乳液　30克
男士磨砂膏　30克
洗面奶　50ml
定型水　丽涛　60ml
洗浴用品
毛巾
化妆品
30
180
130
50
98
提手
分三个空间，用拉链边接，
卷边，内嵌塑料管
拉链
帆布
卷边
塑料管
帆布
洗涤用品包示意图
软保尺寸：80*（30+120+80）
如图从左到右（内衣包，洗涤包，毛巾包）
连接拉链
连接拉链
小包开合拉链
1
2
3
200mm
30mm
100
80
150
100
30
2中物品包括（6种）：
屈臣氏乳香沐浴露（60ml）
屈臣氏乳香洗发露（60ml）
屈臣氏乳香洁面露（60ml）
高露洁牙膏（40g）
高露洁牙刷
云彩啫哩水（28ml）
内衣物包可单
独使用保持清
爽干净
洗涤包的拉链，缝
制在距底衬30mm处
方便拿取包内物品
20mm

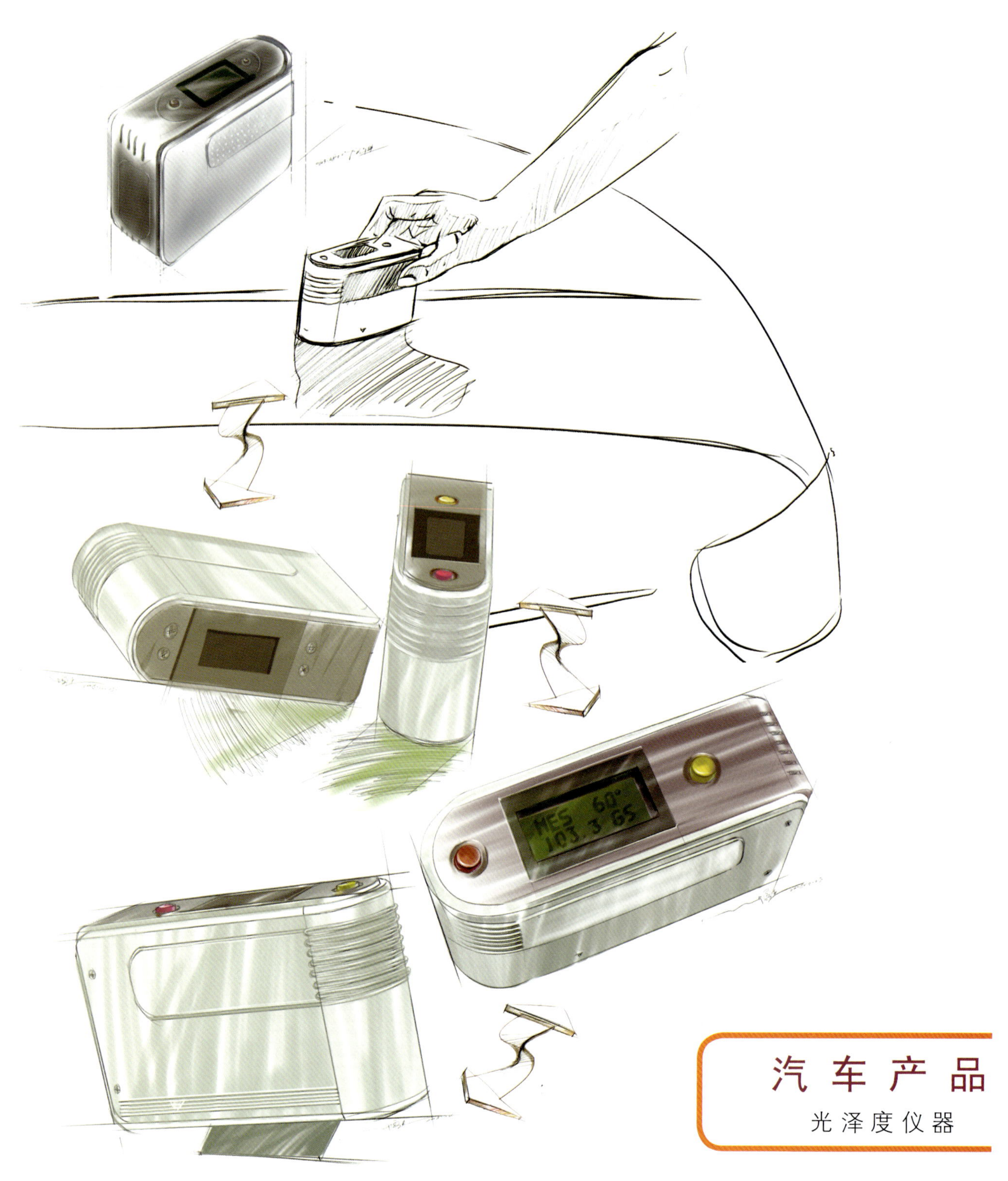

汽车产品

光泽度仪器

汽车产品

深层测厚仪器

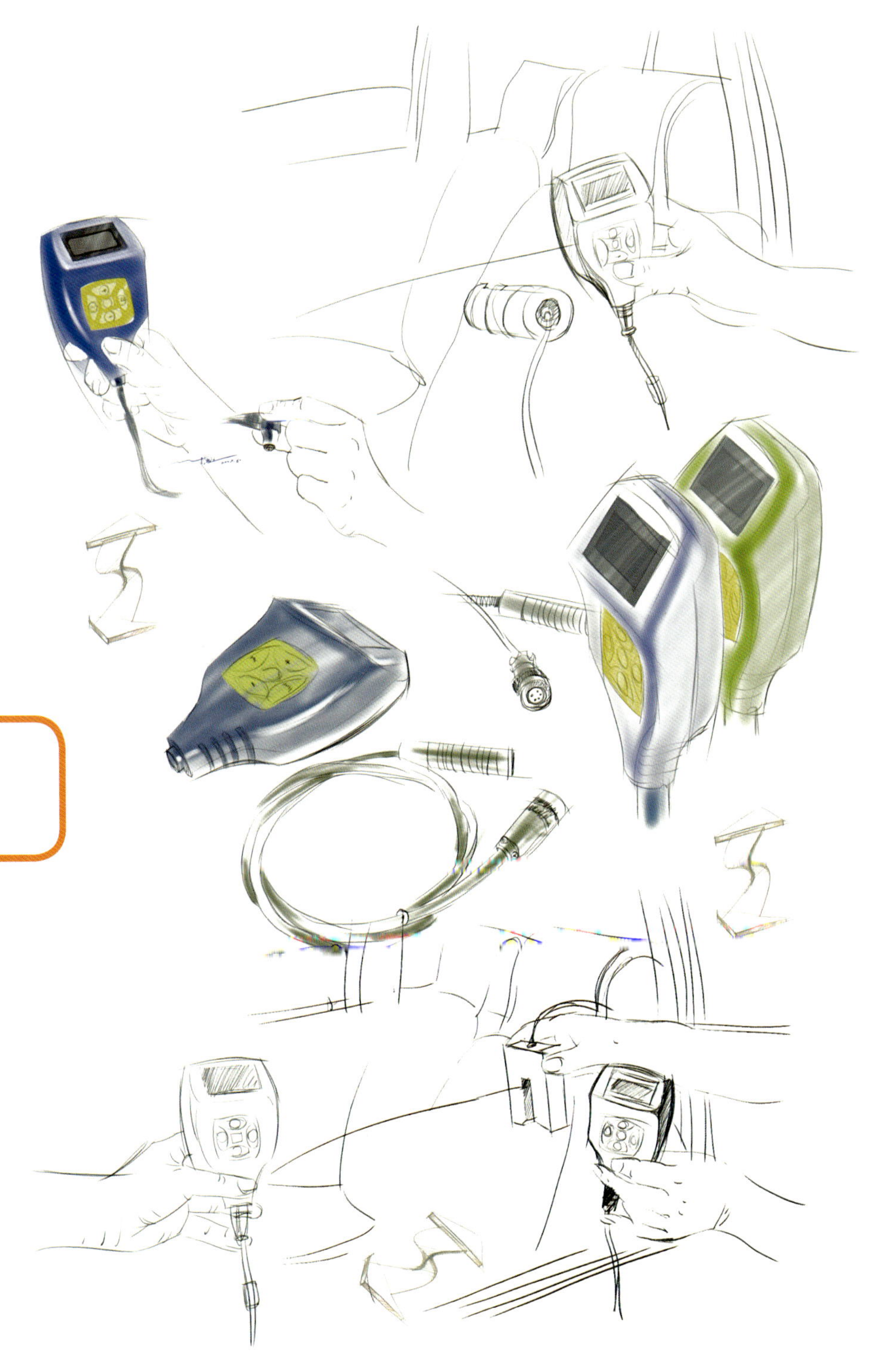

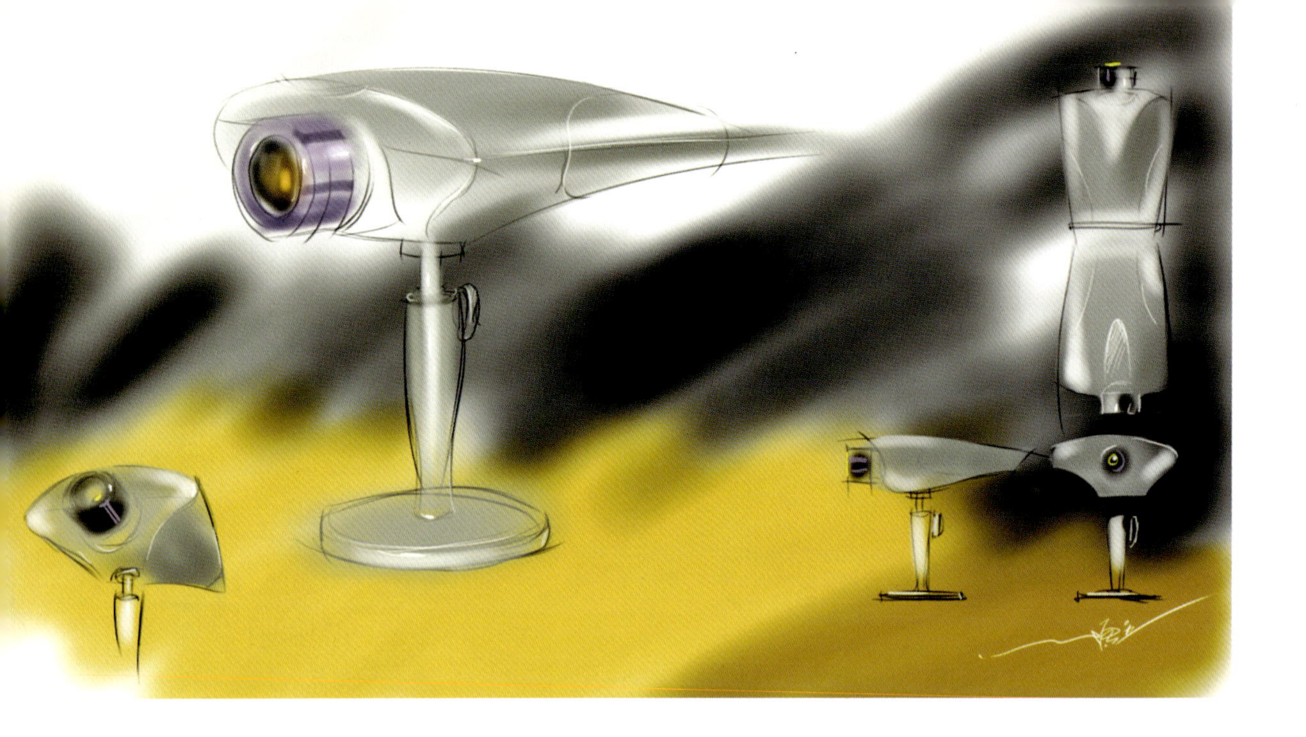

安 防 产 品

网 络 摄 像 器

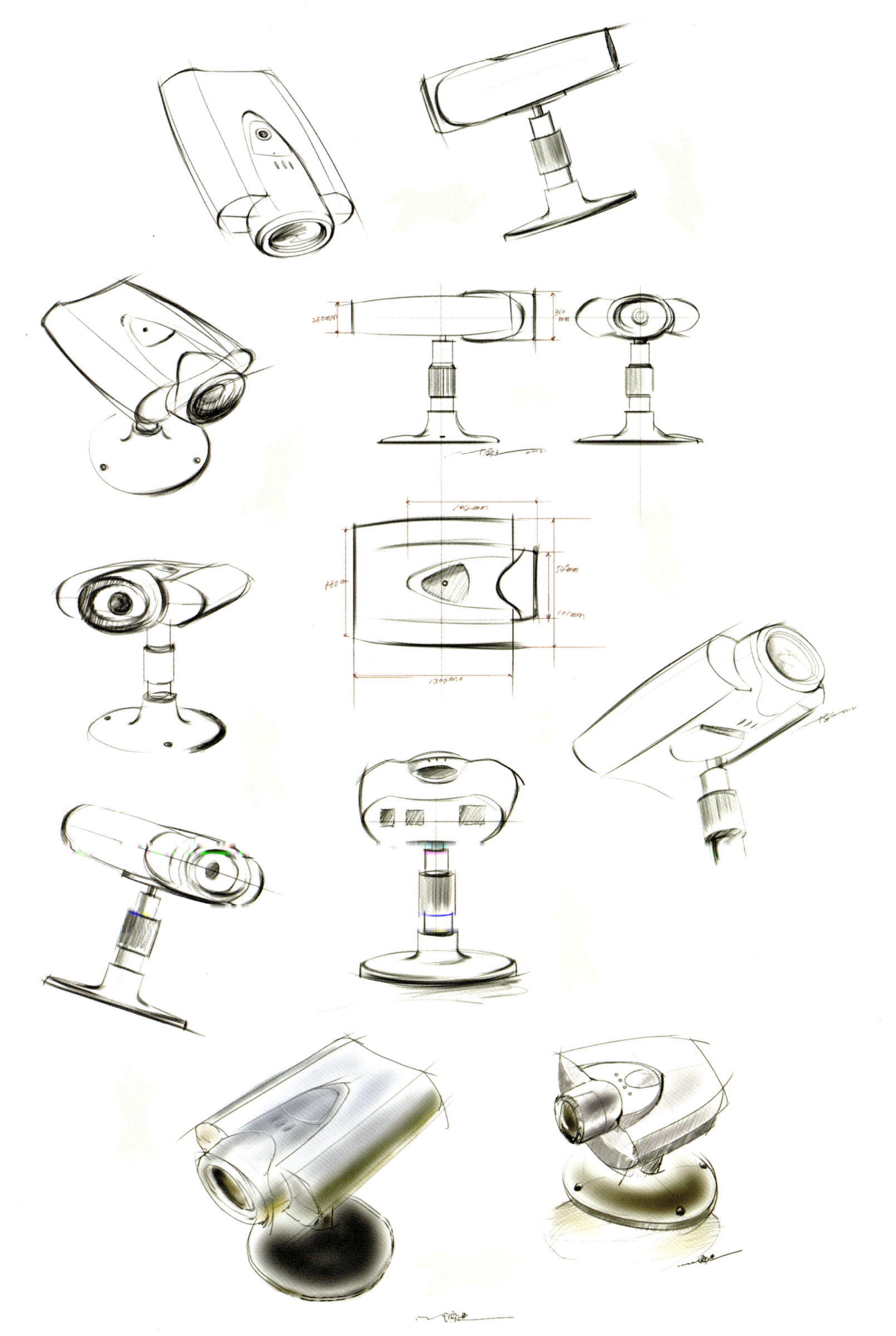

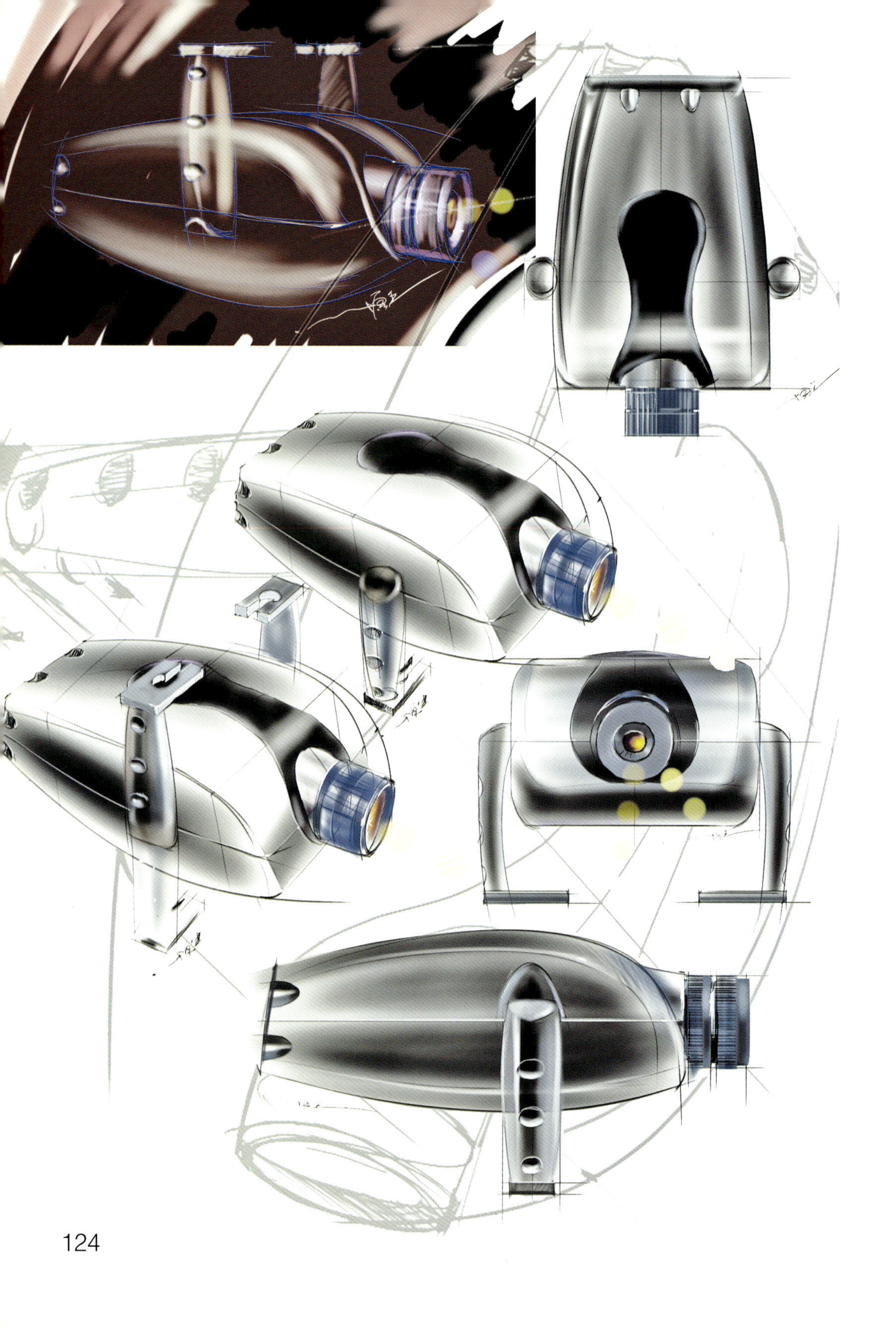

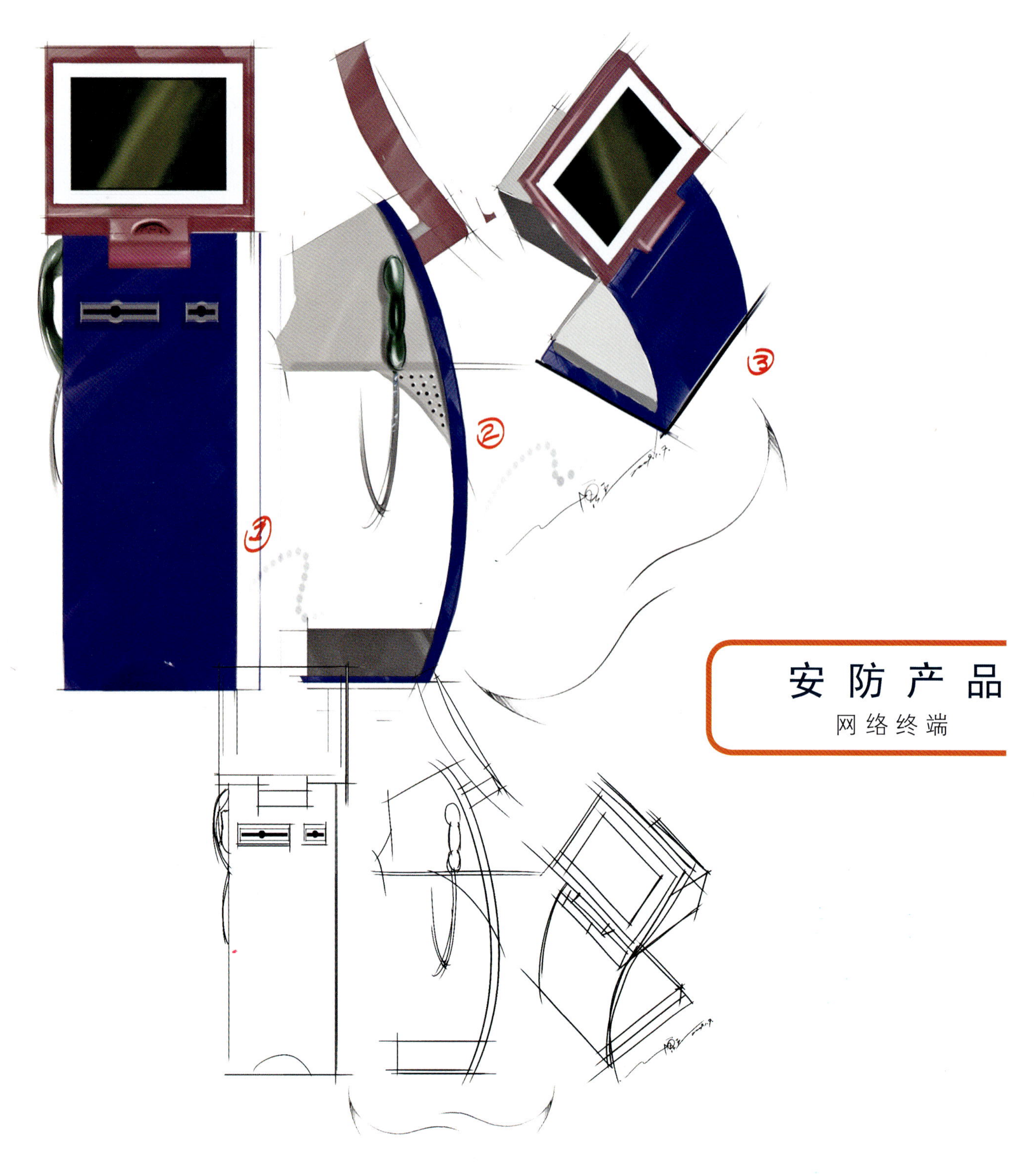

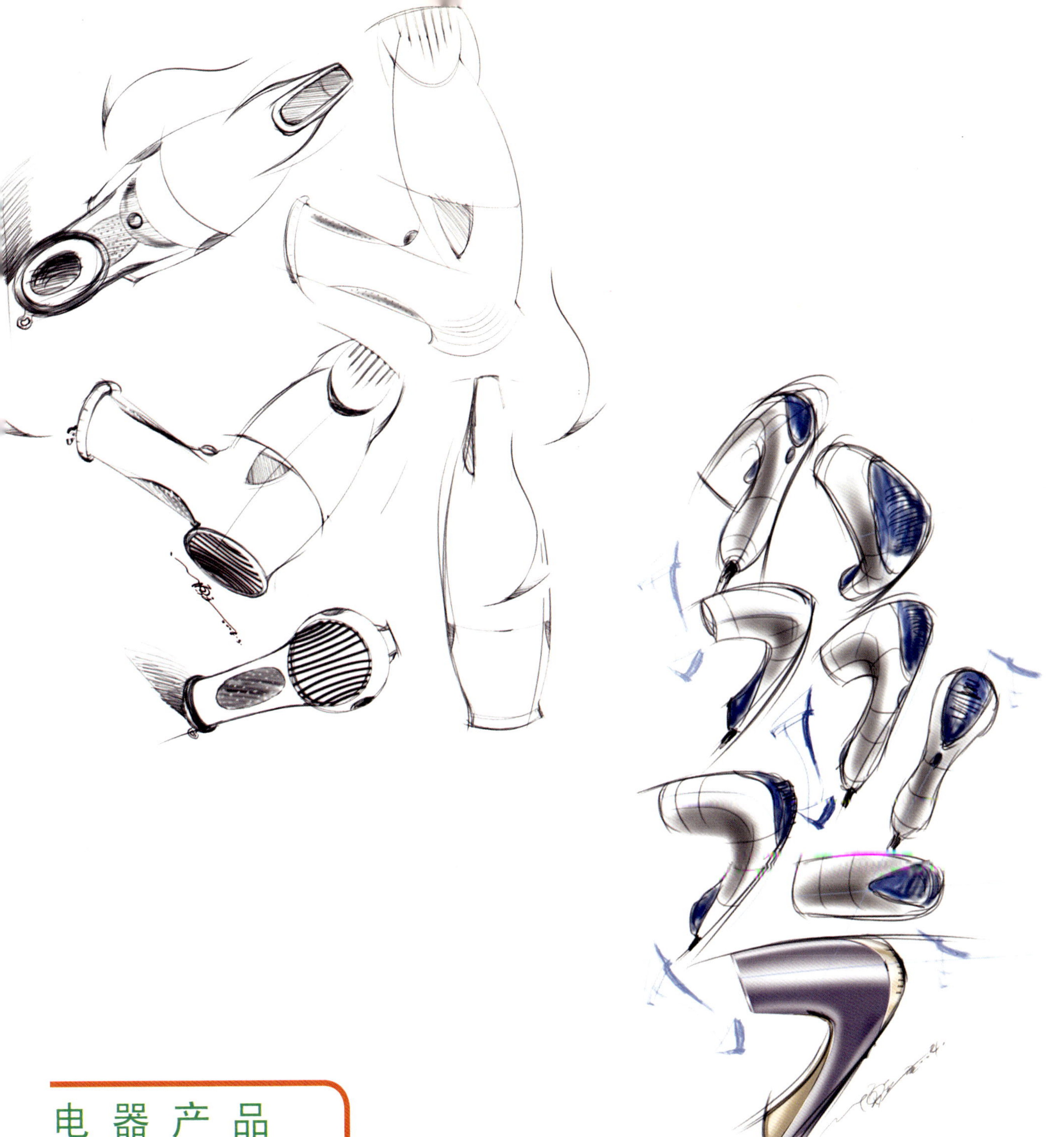

电器产品

电吹风

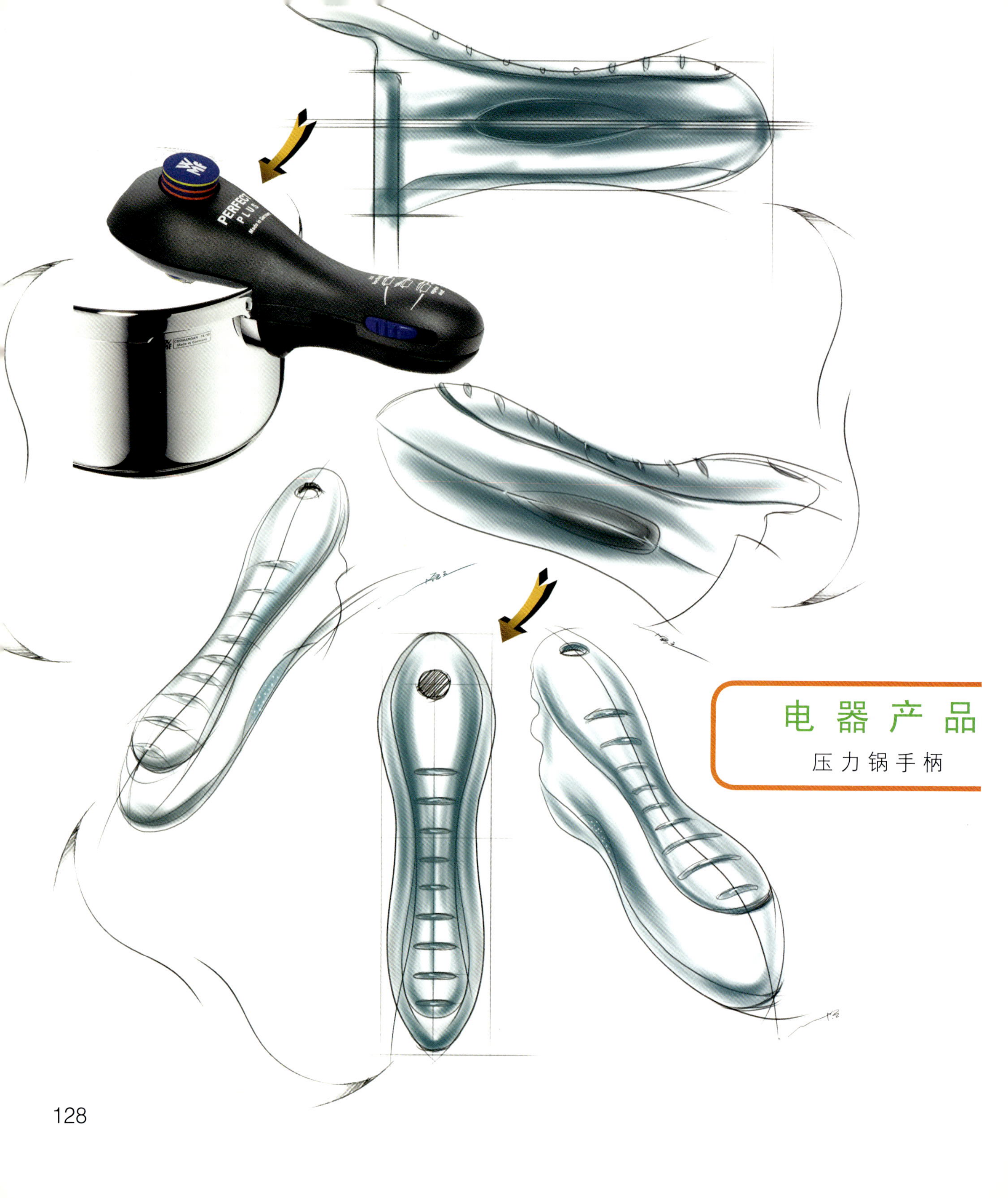

电器产品

压力锅手柄

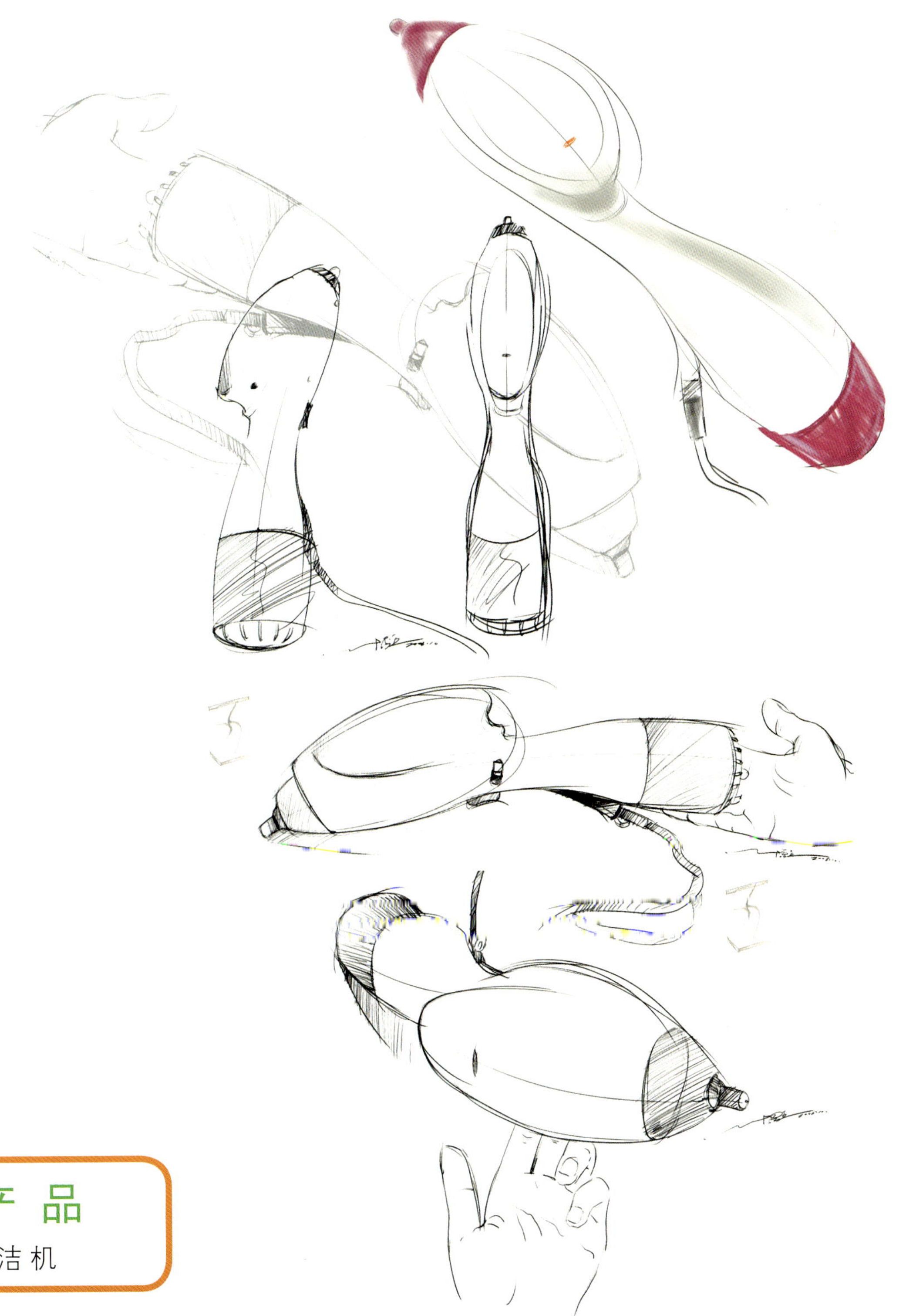

电器产品

蒸汽清洁机

电 器 产 品

台 灯

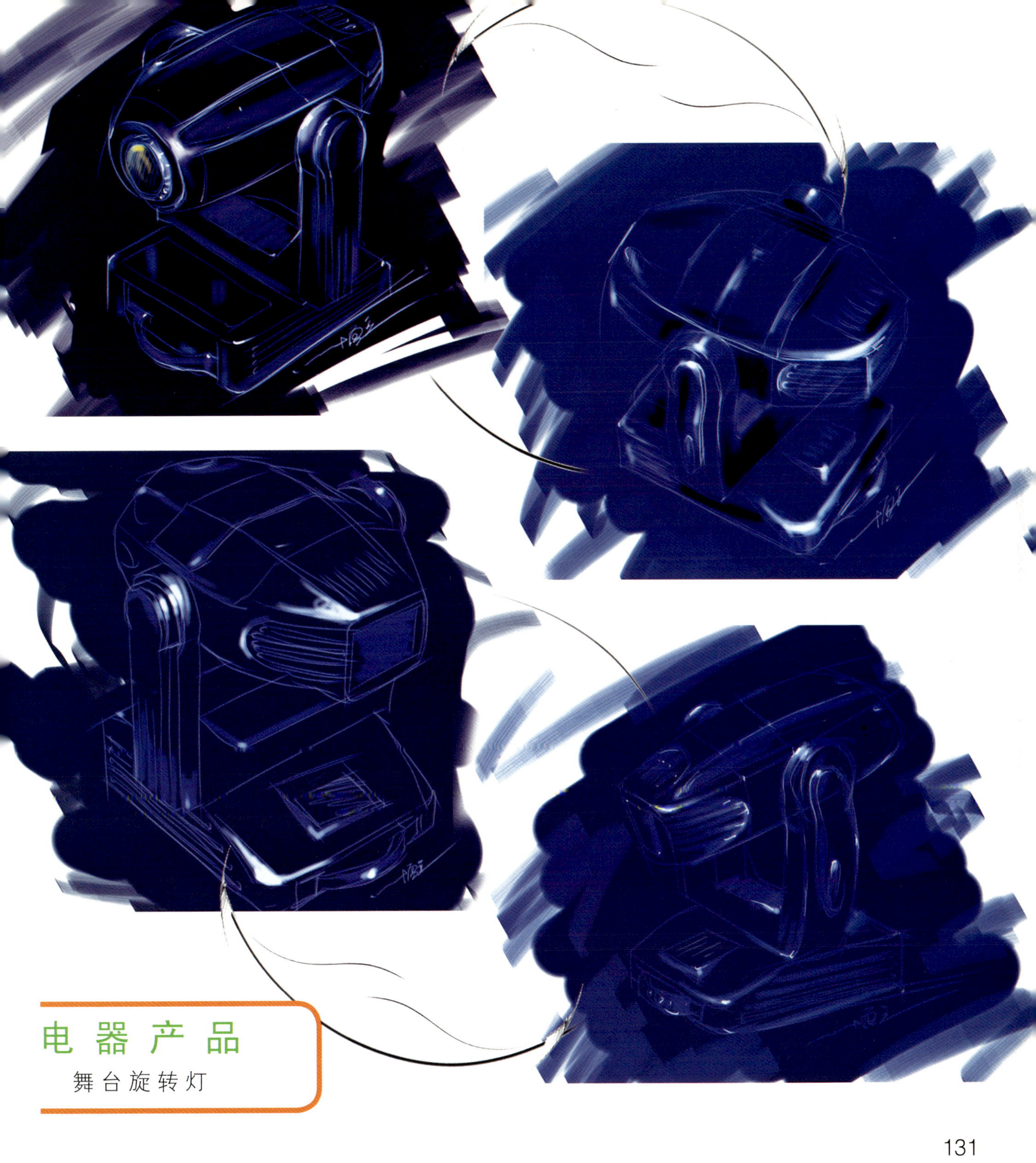

电 器 产 品

舞台旋转灯

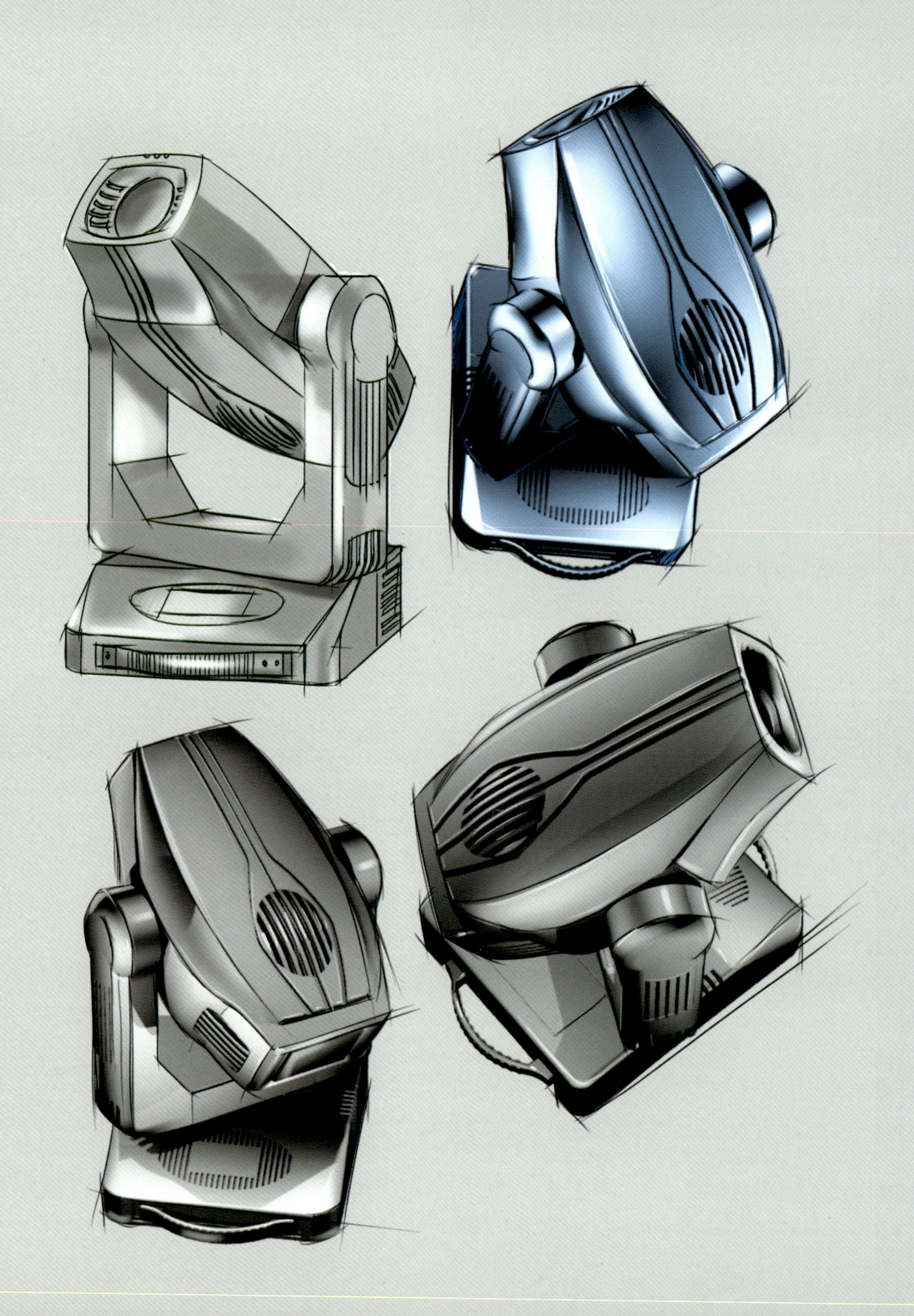

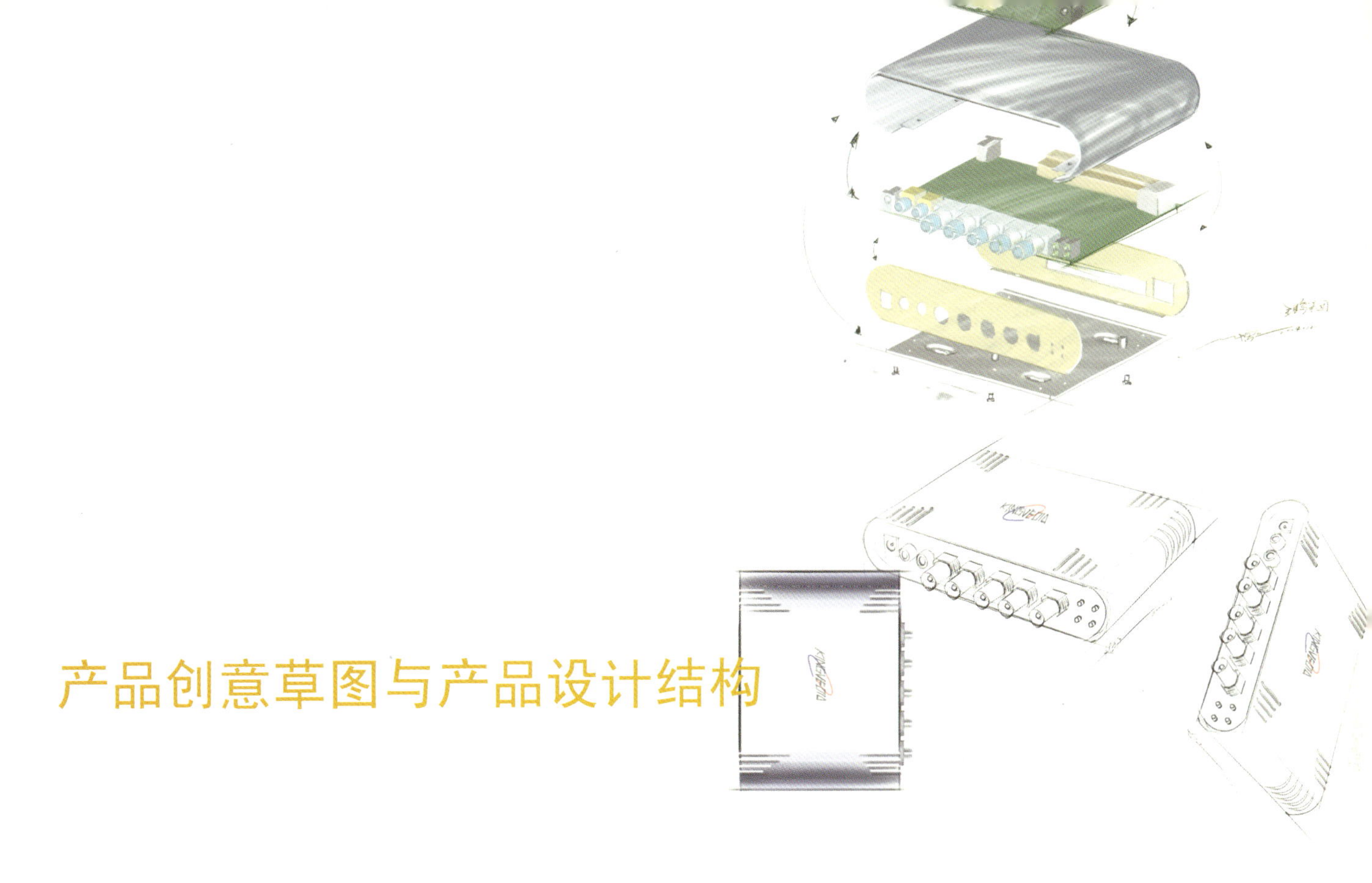

产品创意草图与产品设计结构

本章节介绍产品草图设计与产品设计结构，结构与元器件、零部件，外观与节点、标识等方面的配合与布局，产品技术原理是怎样要求，怎样合理控制，有效对接结构设计等。

讲述产品外形设计是否合理，是否得到认可和如何进一步修改的综合鉴定，要设计师学会规划流程设计任务，学会整理实施过程，学会分析与产品密切相关的元器件及结构，要亲自进行剖析、测量、模拟，按原比例多角度设计草图，估算及预测外观的尺寸，基本保证设计方案的实效性，工作环节的持续性，以便各阶段工作有序开展顺利进行，为重点结构工程和生产做好更加结实的创意设计方案。

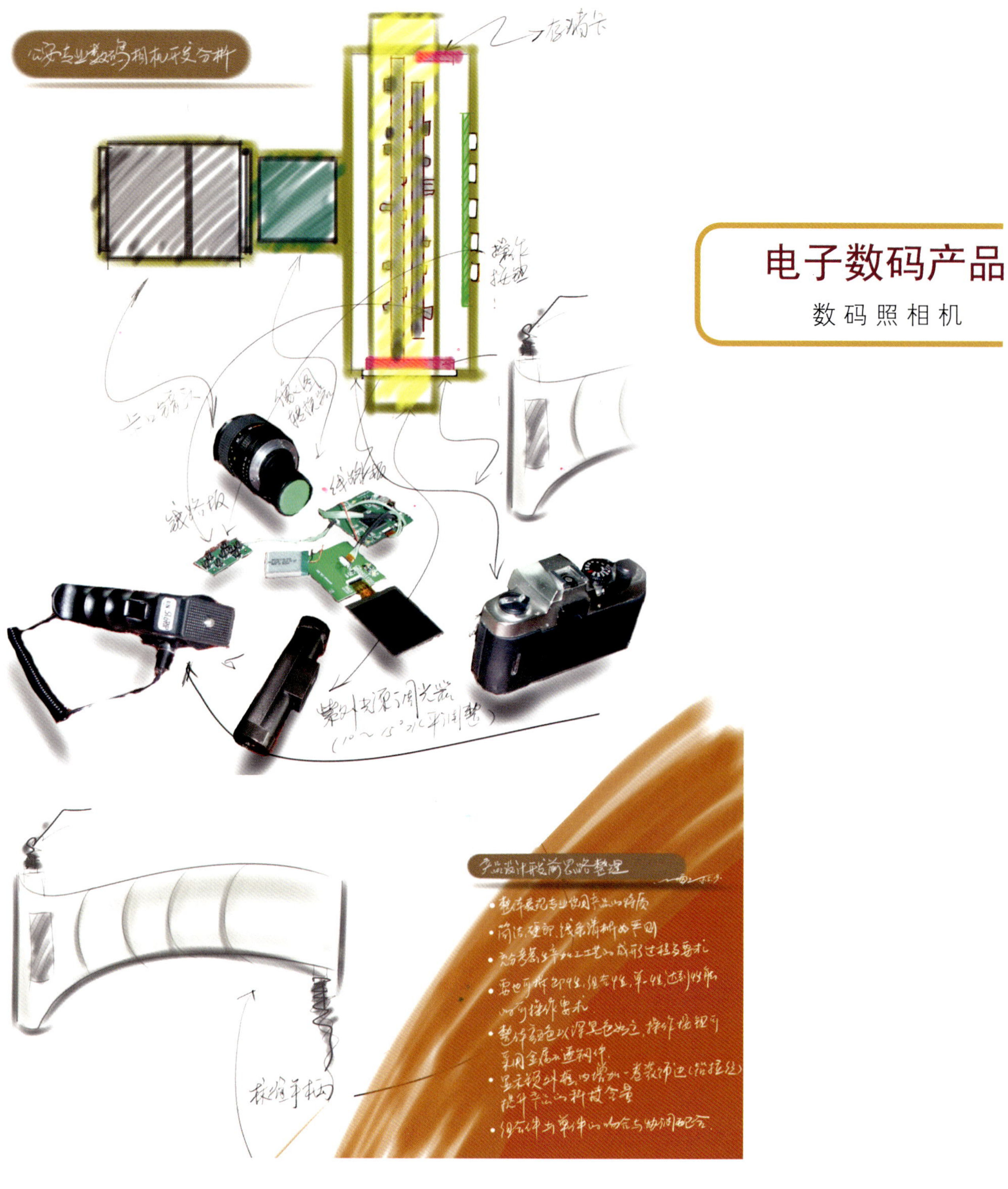

电子数码产品

数码照相机

③

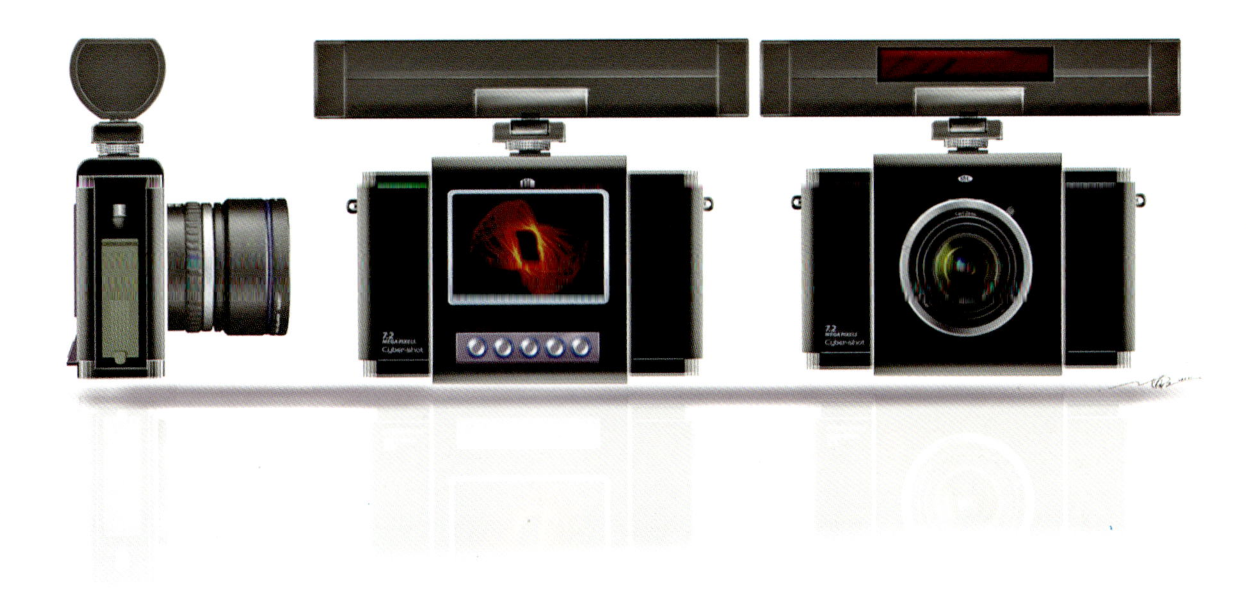

④

7.2
Cyber-shot
7.2
Cyber-shot

7.2
MEGA PIXELS
Cyber-shot

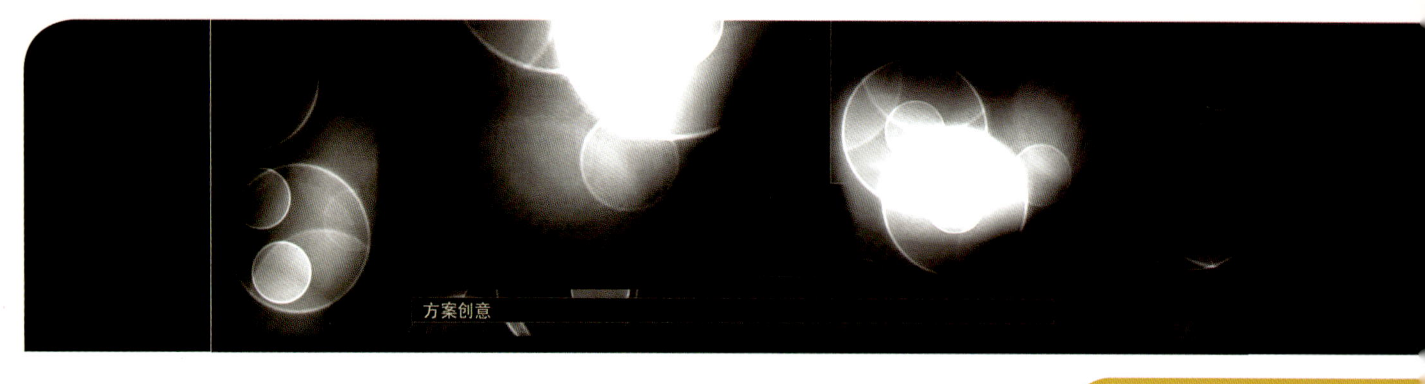
方案创意

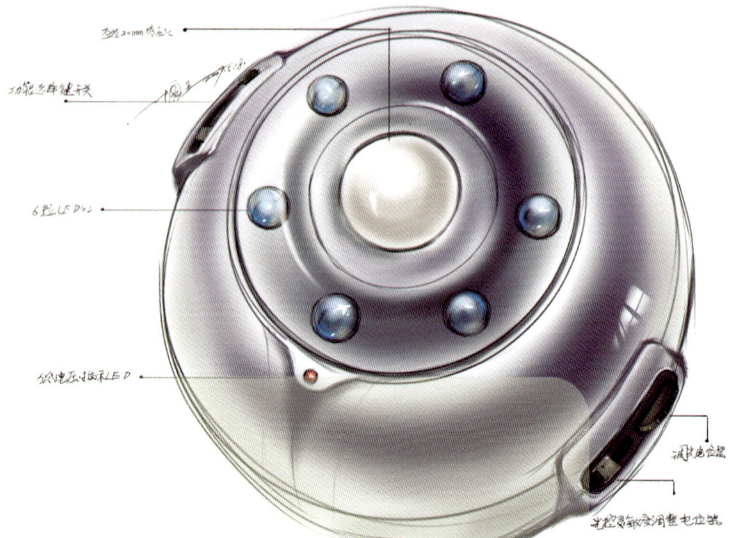

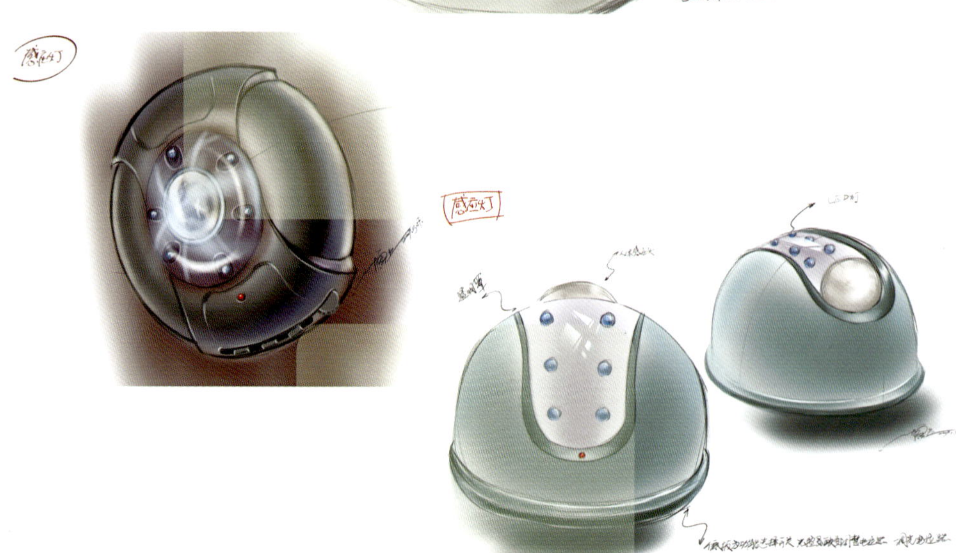

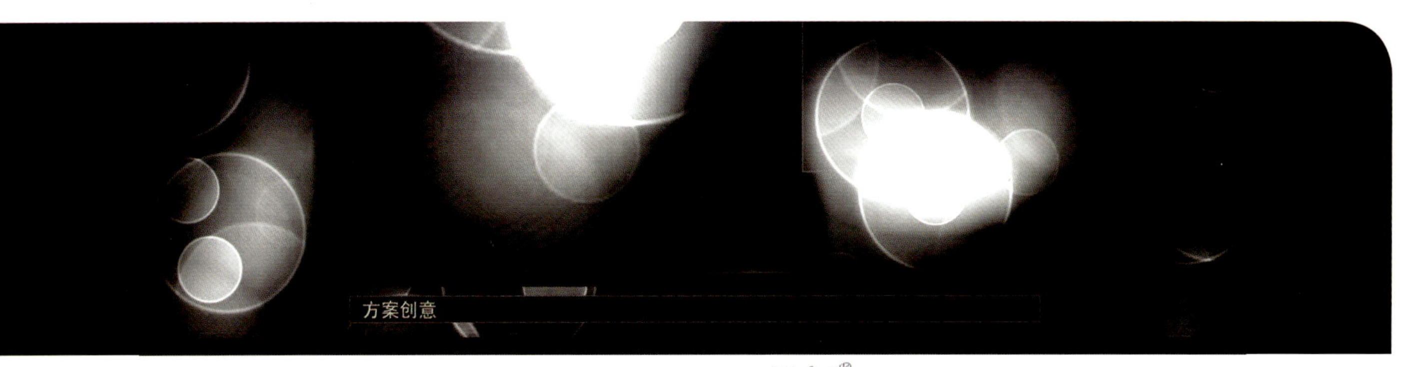

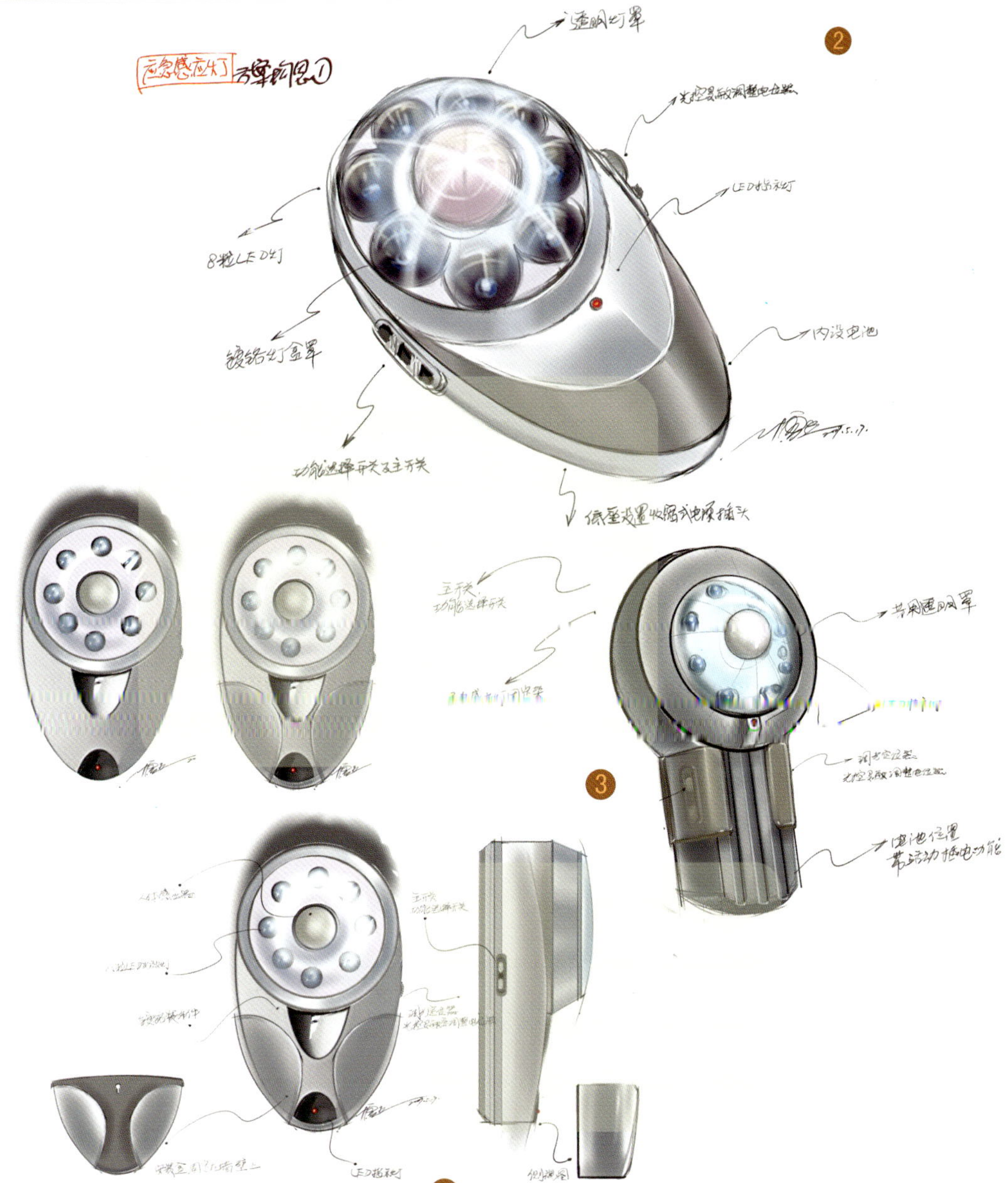
应急感应灯 方案构思1
透明灯罩
光控灵敏度调整电位器
LED指示灯
8粒LED灯
镀铬灯盒罩
内设电池
功能选择开关及主开关
底座设置收缩式电源插头
2
3
1
电池位置
带手动插电功能

方案创意

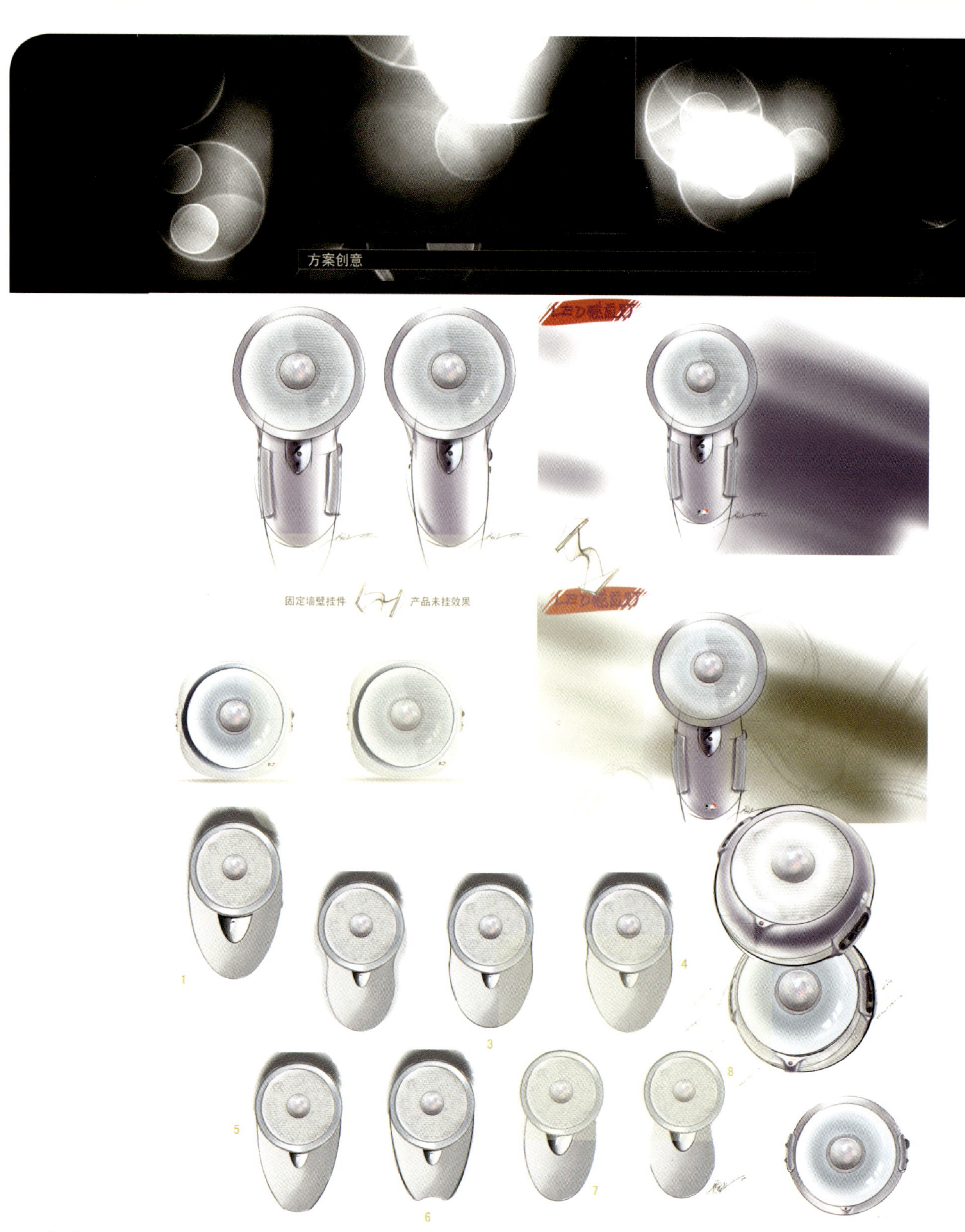

固定墙壁挂件　产品未挂效果

电子数码产品

票据打印机

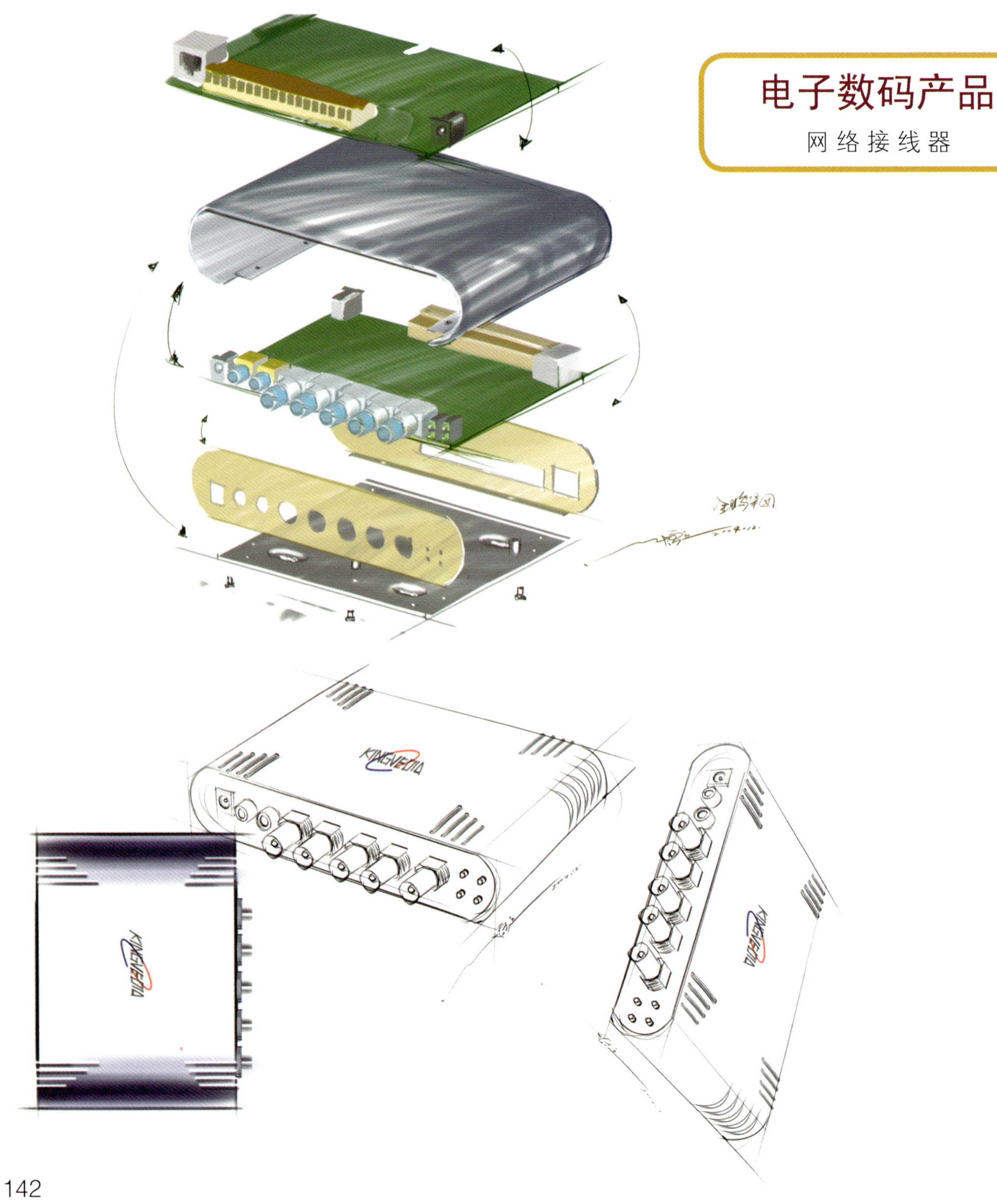

KINGVEDIA

汽车产品

电子标签

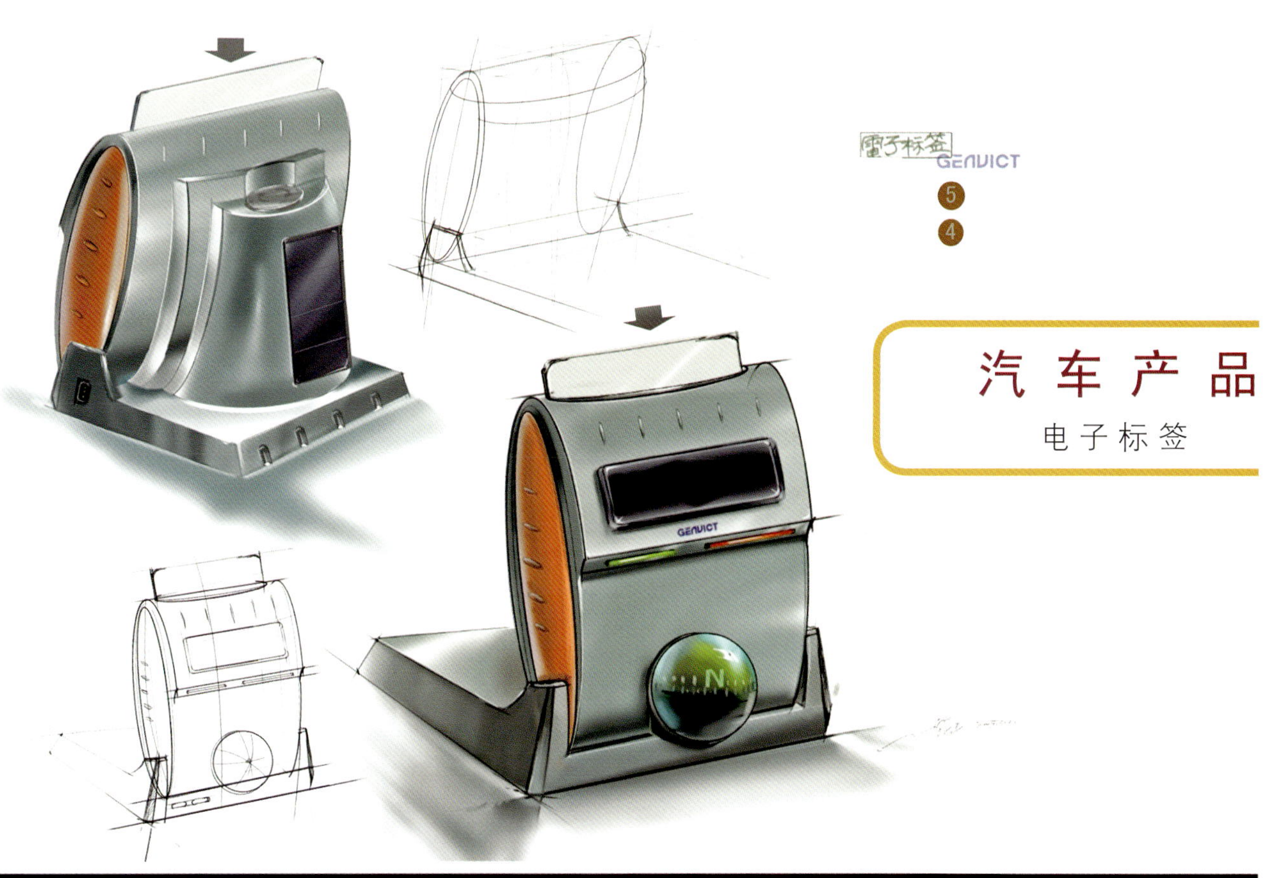

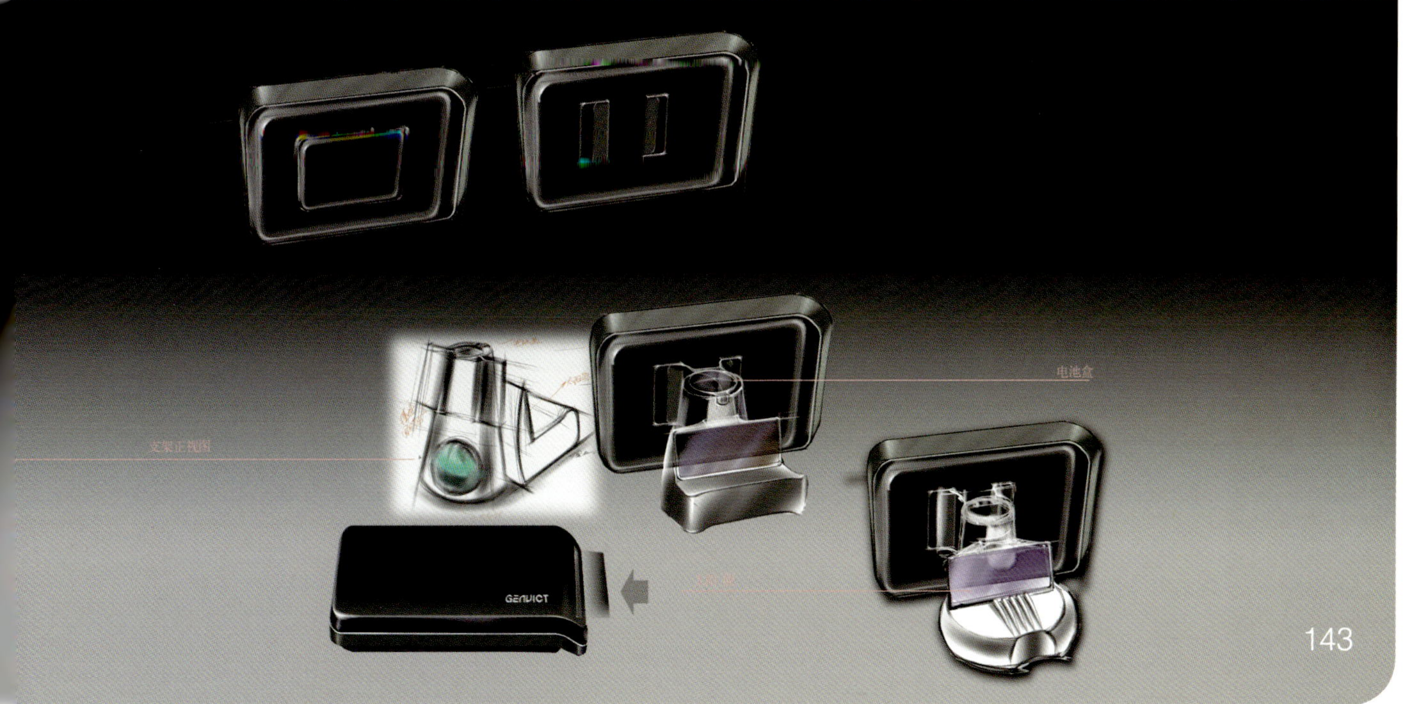

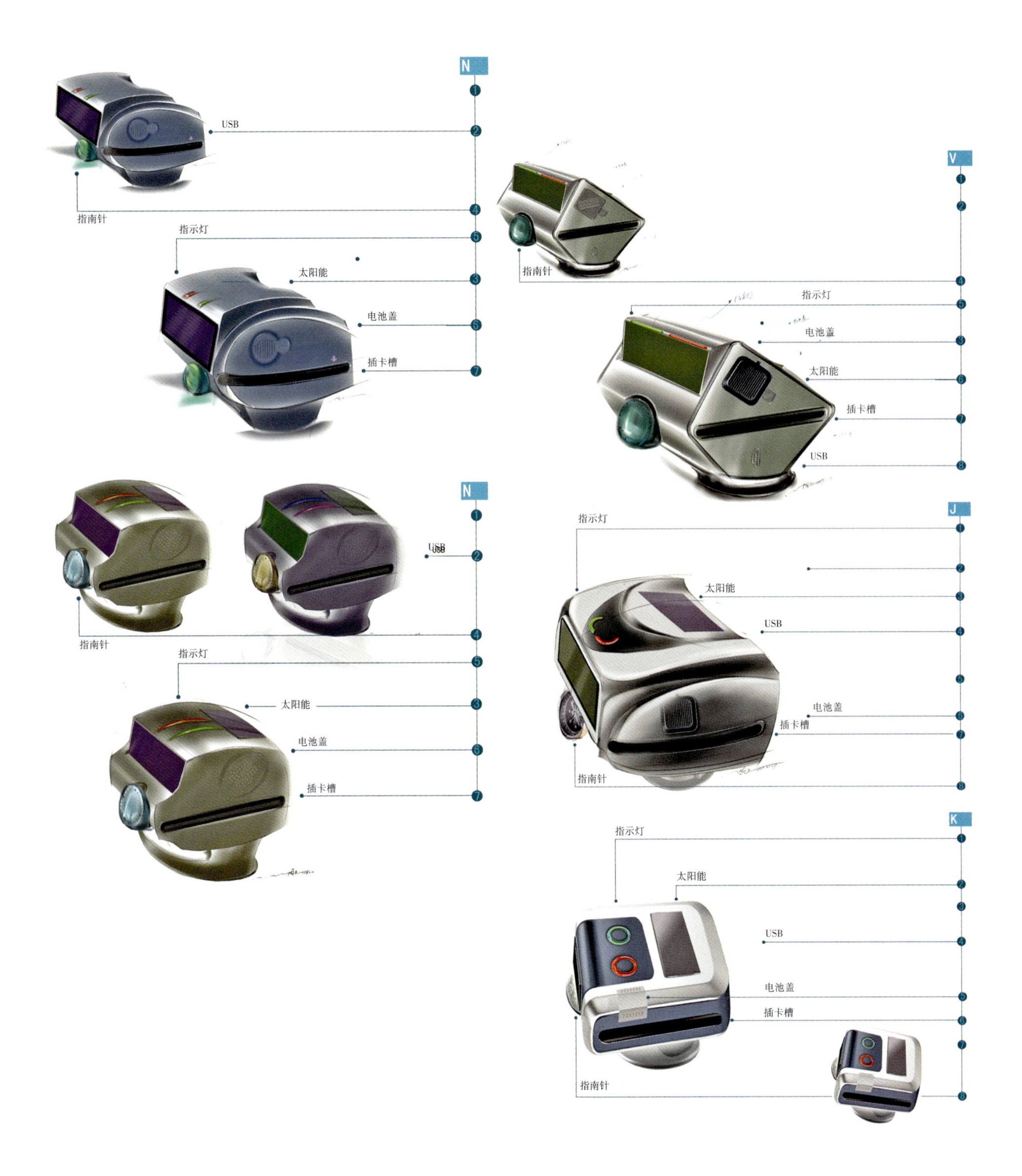
N
USB
指南针
指示灯
太阳能
电池盖
插卡槽
V
指南针
指示灯
电池盖
太阳能
插卡槽
USB
N
USB
指南针
指示灯
太阳能
电池盖
插卡槽
J
指示灯
太阳能
USB
电池盖
插卡槽
指南针
K
指示灯
太阳能
USB
电池盖
插卡槽
指南针

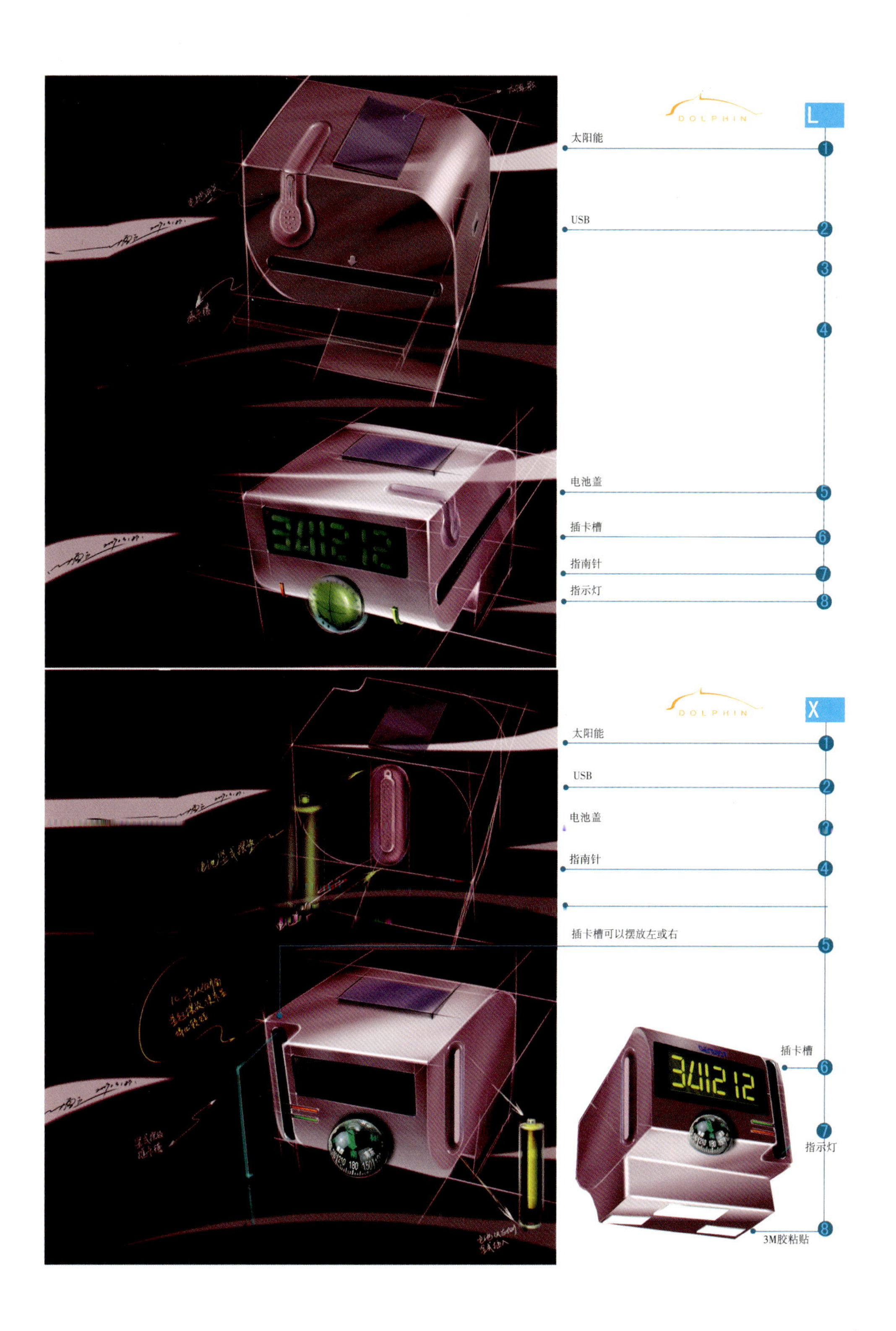
DOLPHIN
L
太阳能
USB
电池盖
插卡槽
指南针
指示灯
DOLPHIN
X
太阳能
USB
电池盖
指南针
插卡槽可以摆放左或右
插卡槽
指示灯
3M胶粘贴

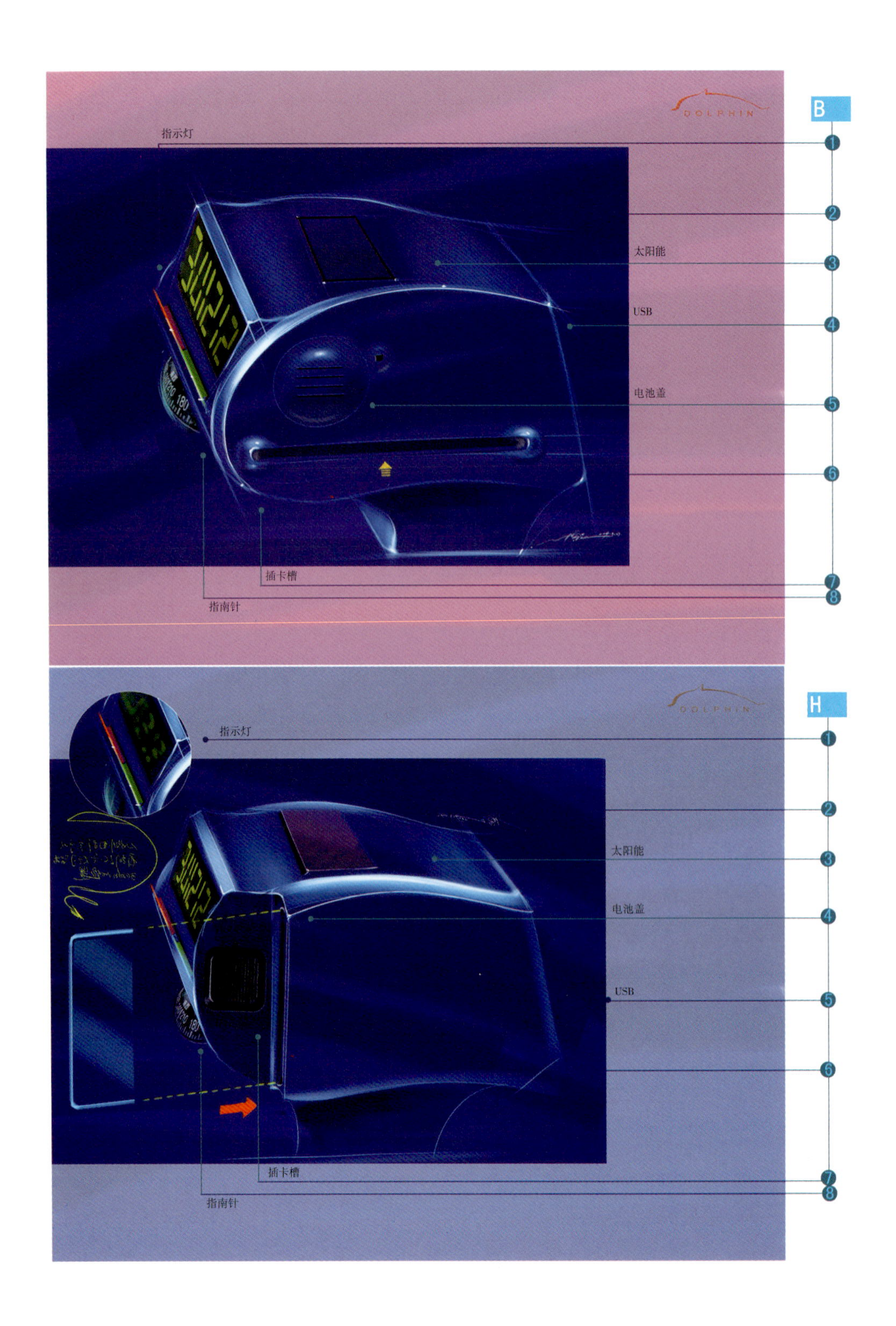
DOLPHIN
B
指示灯
太阳能
USB
电池盖
插卡槽
指南针
DOLPHIN
H
指示灯
太阳能
电池盖
USB
插卡槽
指南针

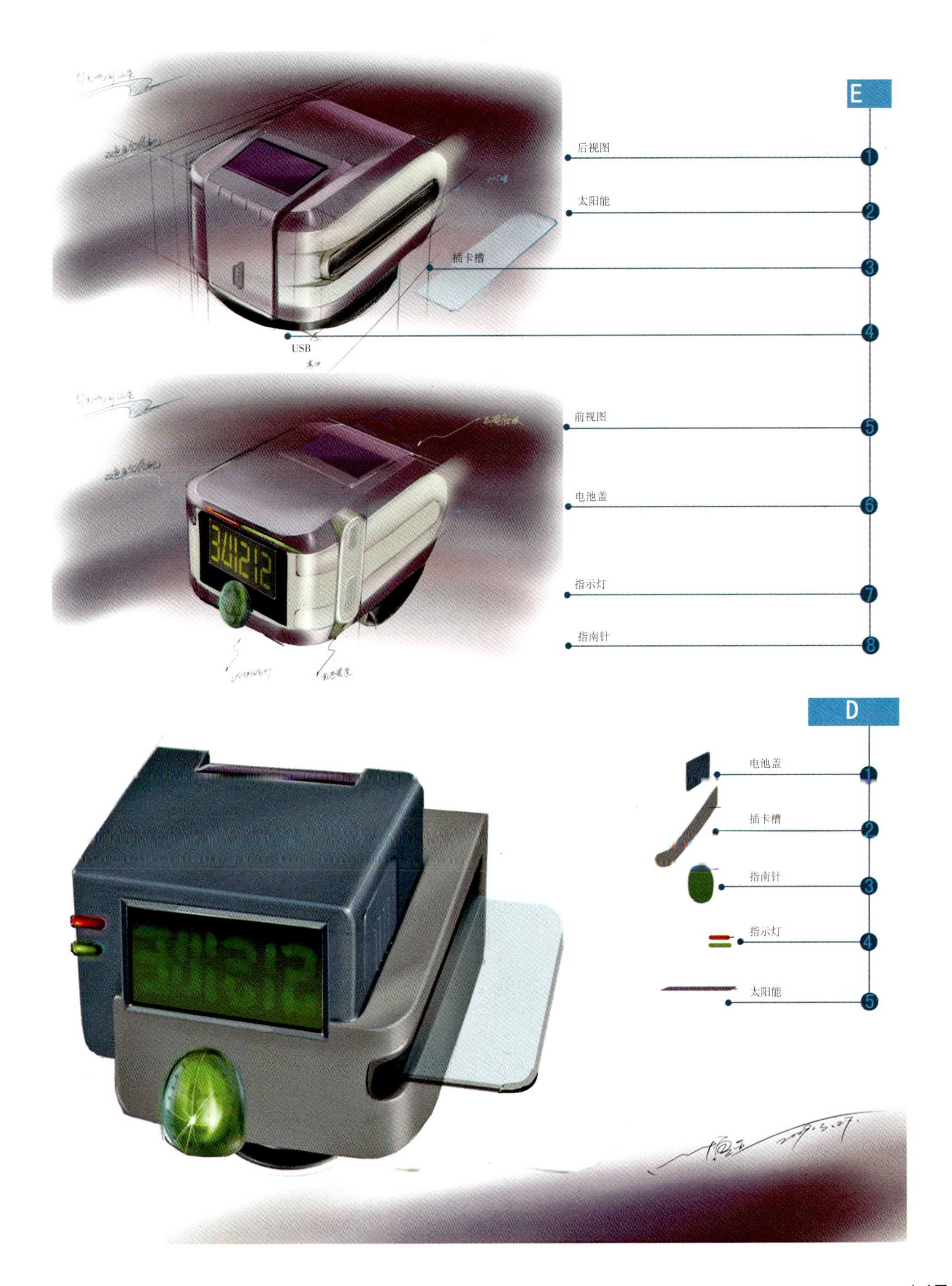
E
后视图
太阳能
插卡槽
USB
前视图
电池盖
指示灯
指南针
D
电池盖
插卡槽
指南针
指示灯
太阳能

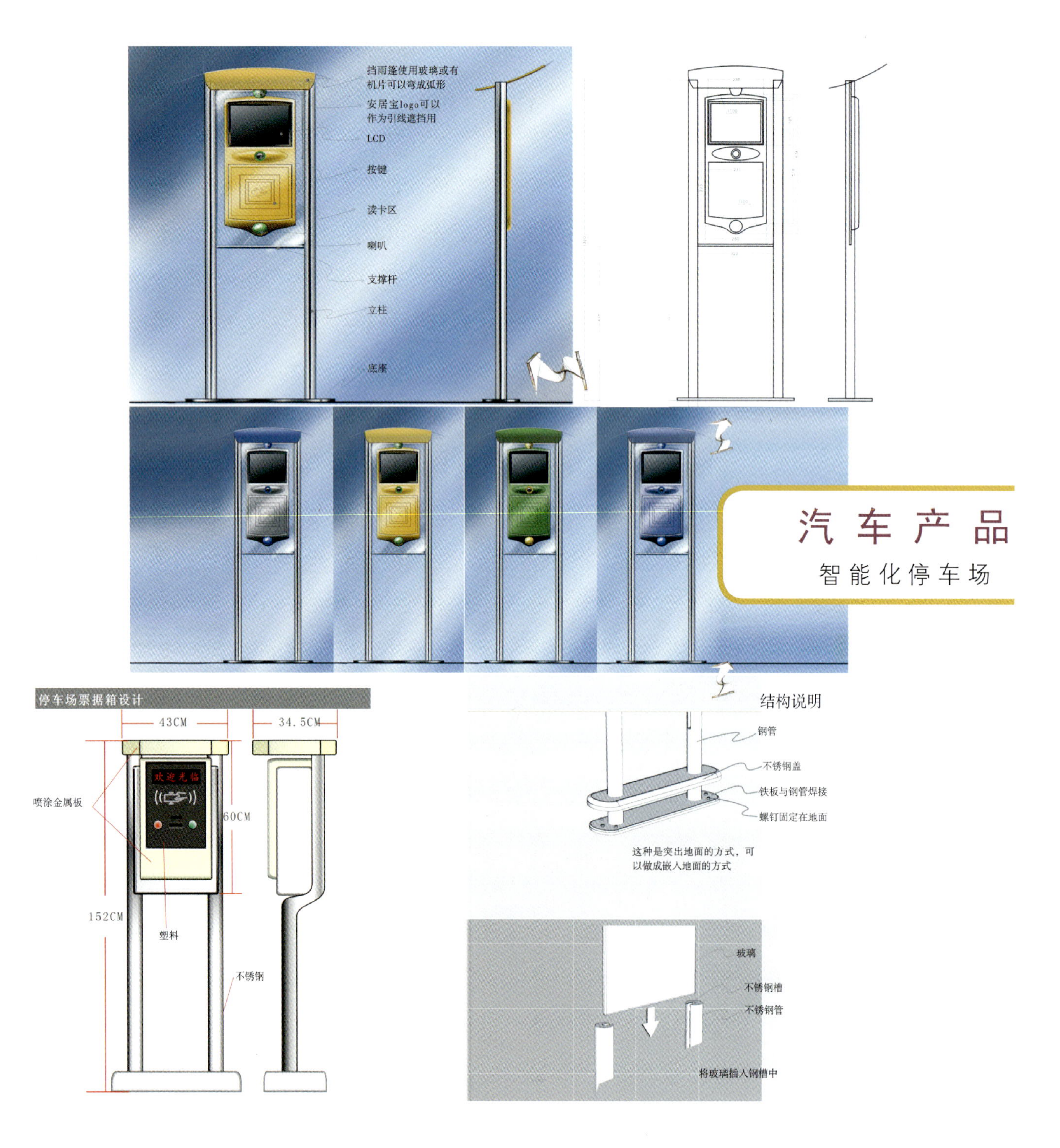

挡雨篷使用玻璃或有
机片可以弯成弧形
安居宝logo可以
作为引线遮挡用
LCD
按键
读卡区
喇叭
支撑杆
立柱
底座
汽车产品
智能化停车场
停车场票据箱设计
43CM
34.5CM
60CM
152CM
欢迎光临
喷涂金属板
塑料
不锈钢
结构说明
钢管
不锈钢盖
铁板与钢管焊接
螺钉固定在地面
这种是突出地面的方式，可
以做成嵌入地面的方式
玻璃
不锈钢槽
不锈钢管
将玻璃插入钢槽中

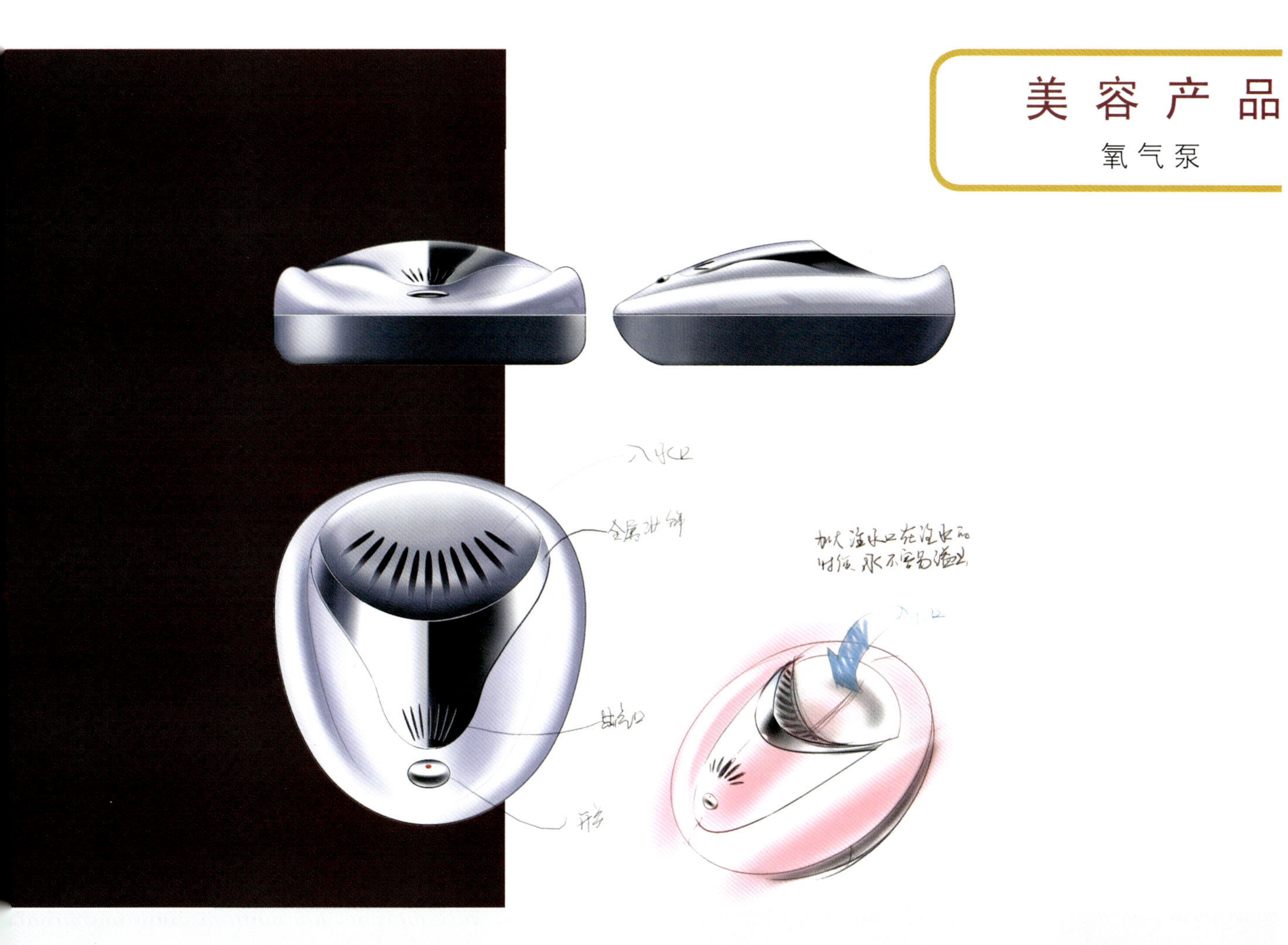

入水口
出气口
开关

将入水口和出气口合一，通过旋转上盖的方式来切换出气和入水。
上盖有足够大的接水面积，在入水的时候不会溅出。

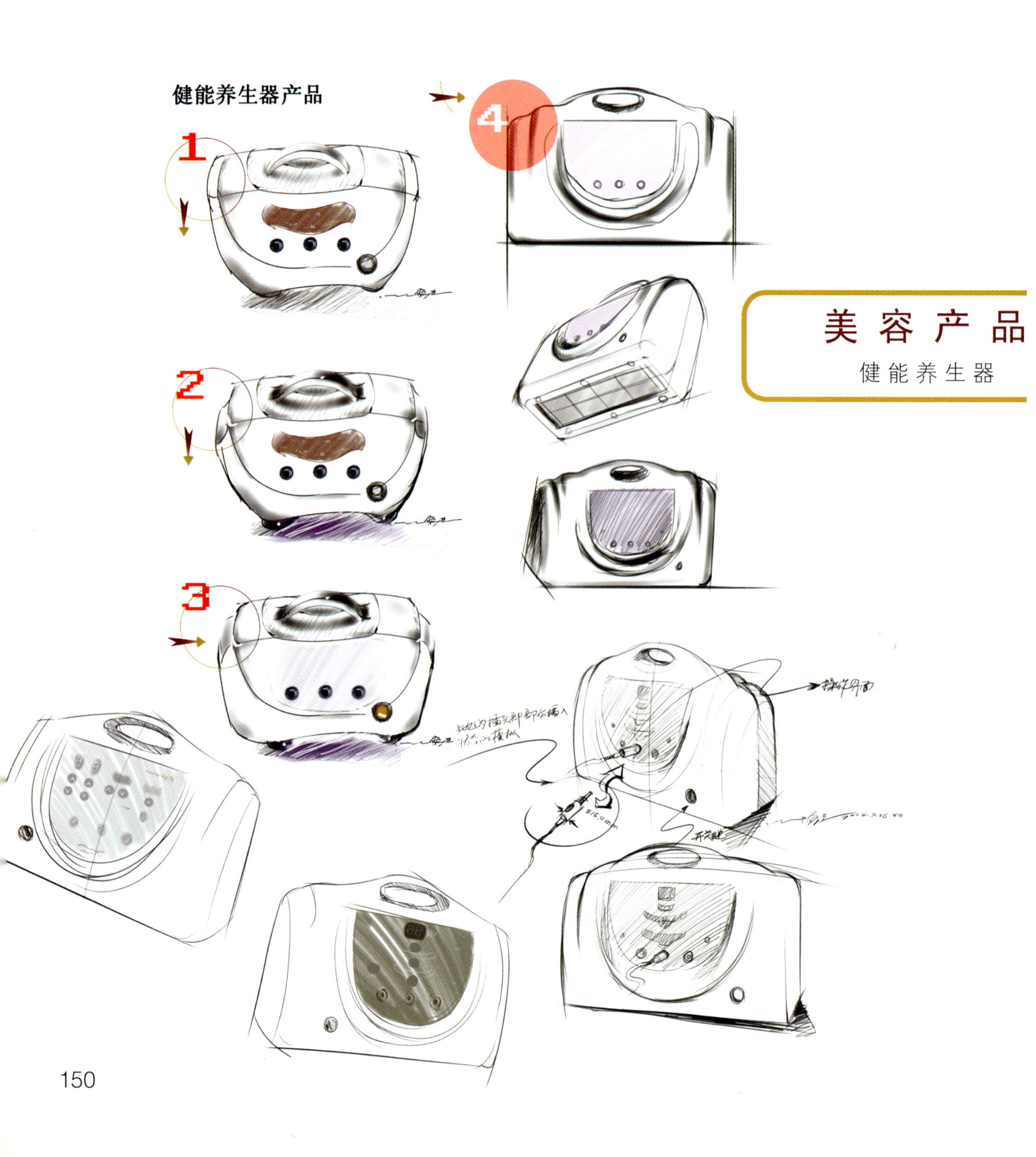
健能养生器产品
1
2
3
4
美 容 产 品
健 能 养 生 器

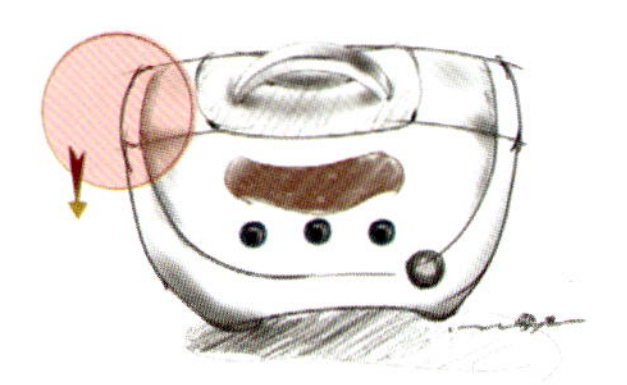

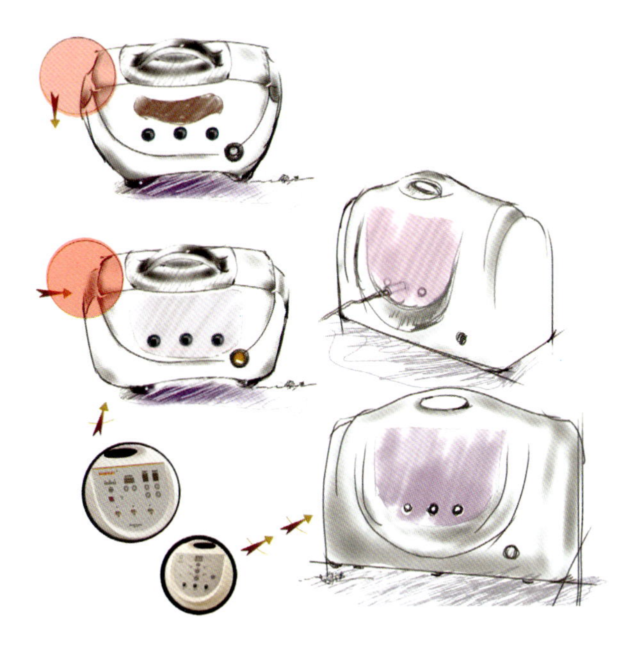

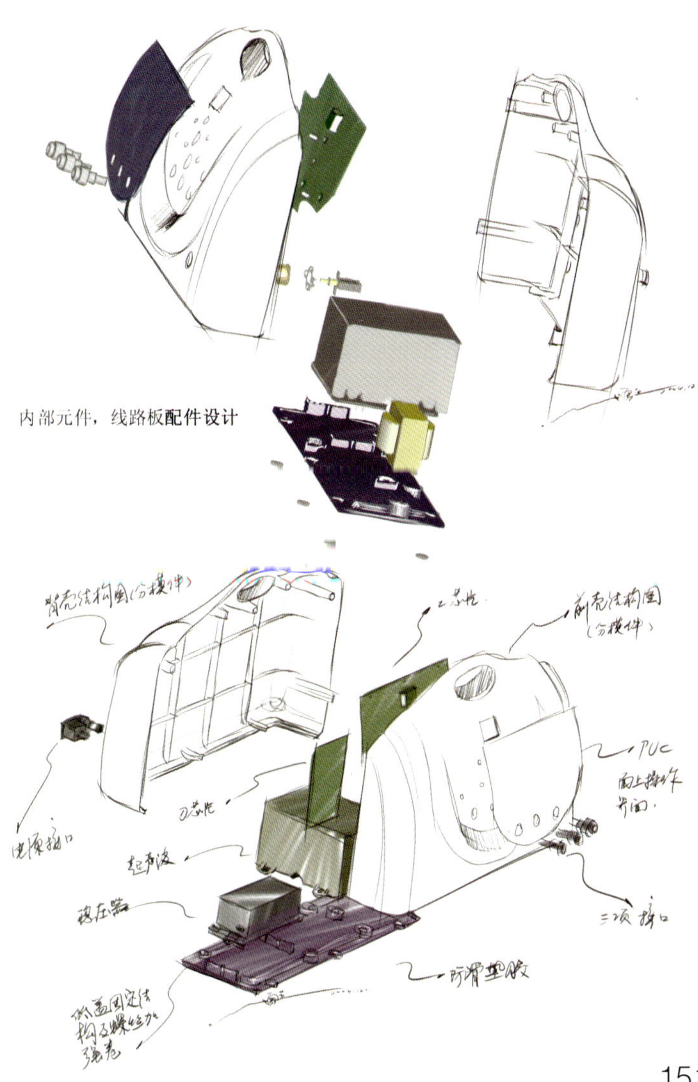

内部元件，线路板配件设计

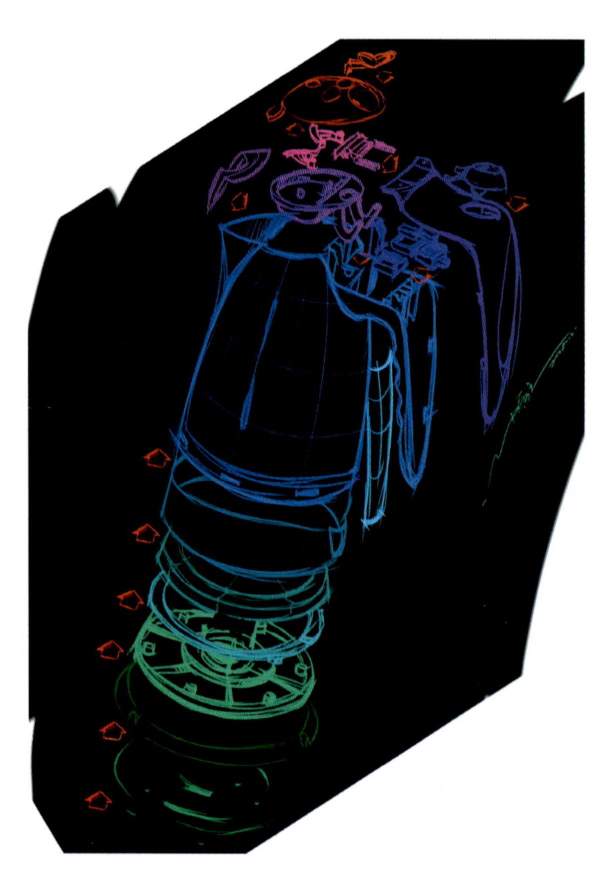

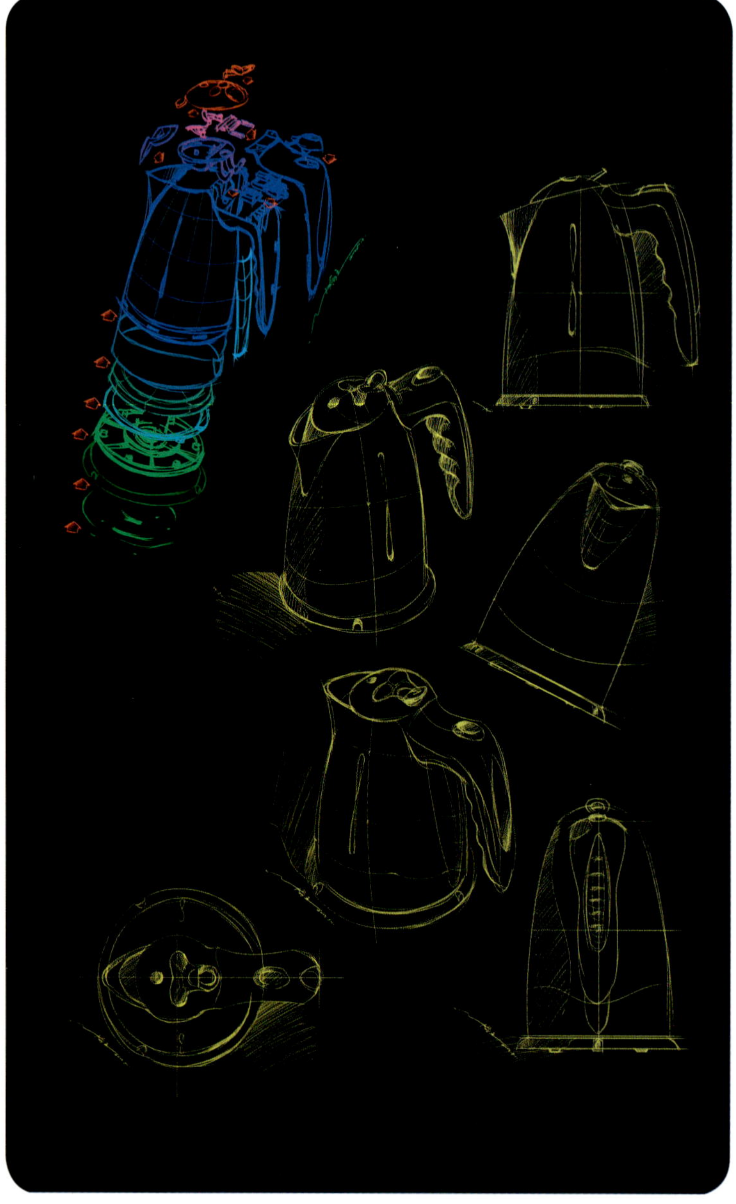

电器产品

电热水壶

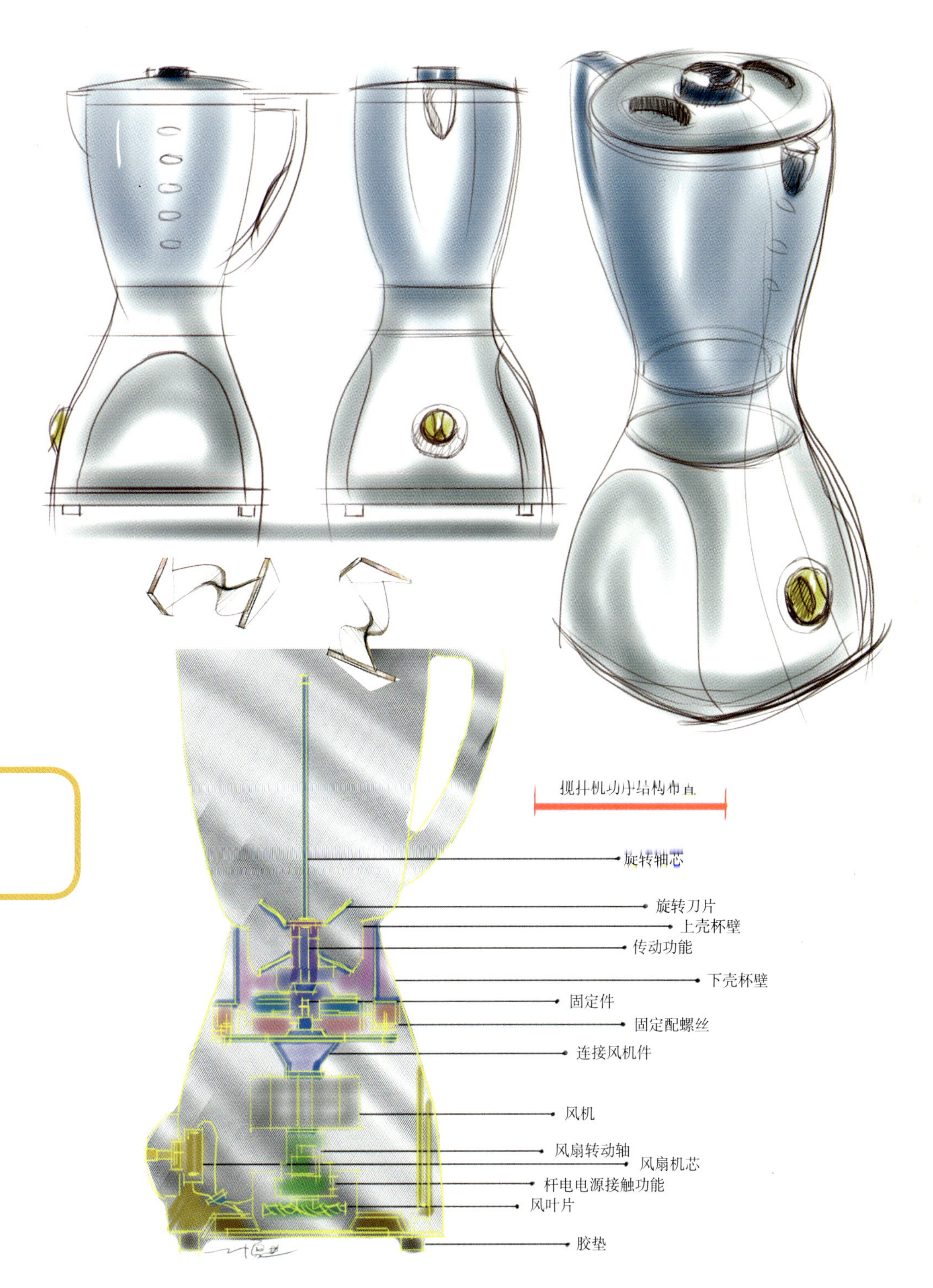
搅拌机动力结构布置
旋转轴芯
旋转刀片
上壳杯壁
传动功能
下壳杯壁
固定件
固定配螺丝
连接风机件
风机
风扇转动轴
风扇机芯
杆电电源接触功能
风叶片
胶垫

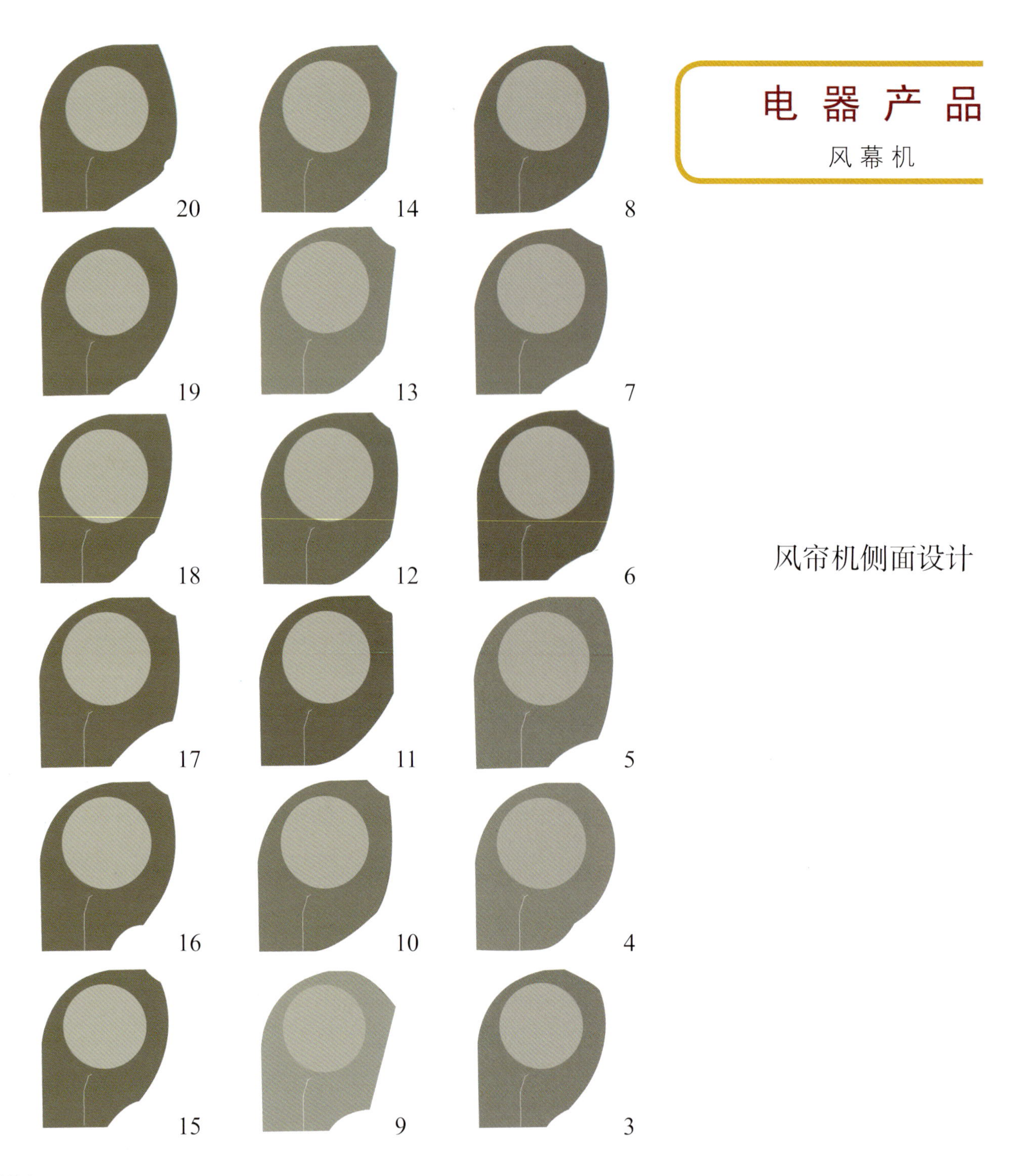

风帘机侧面设计

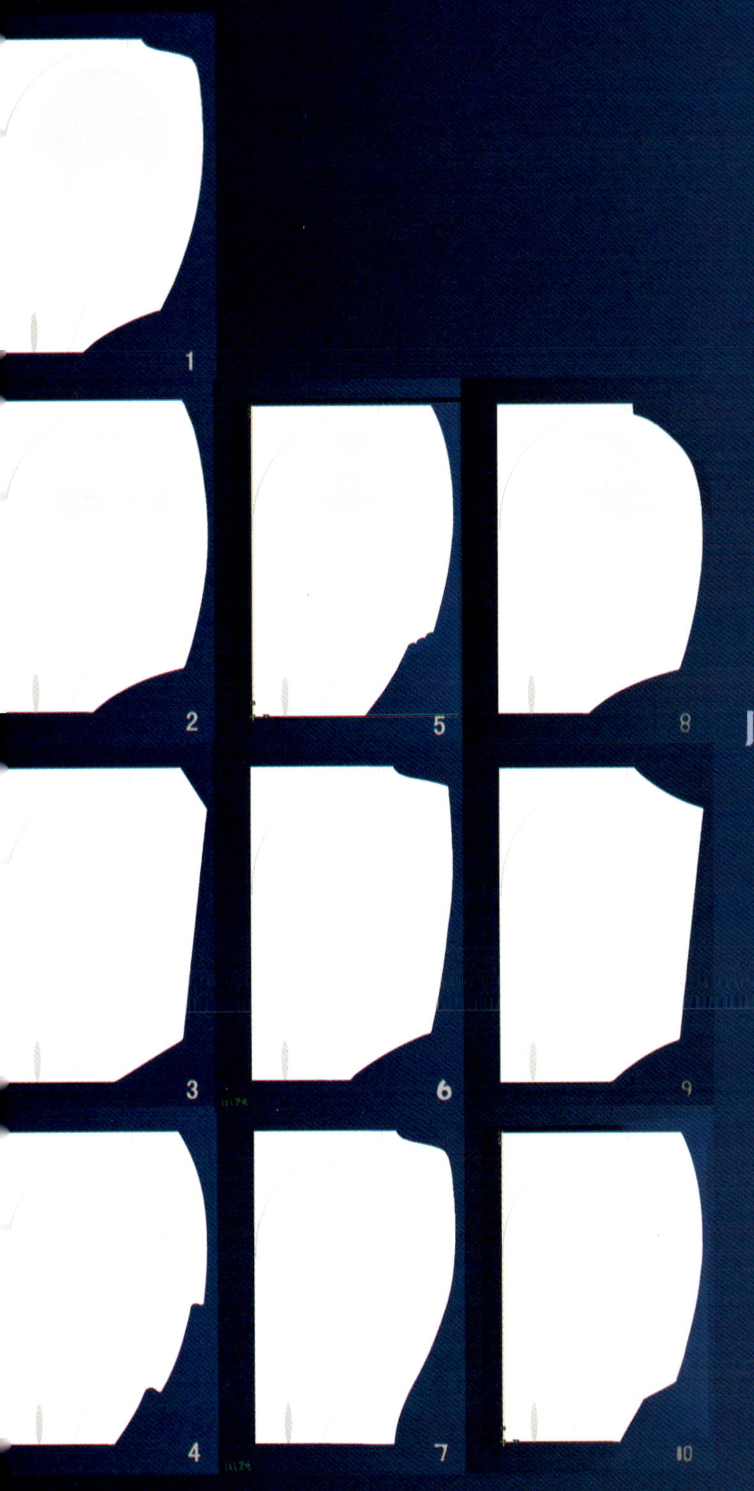

风帘机侧面设计

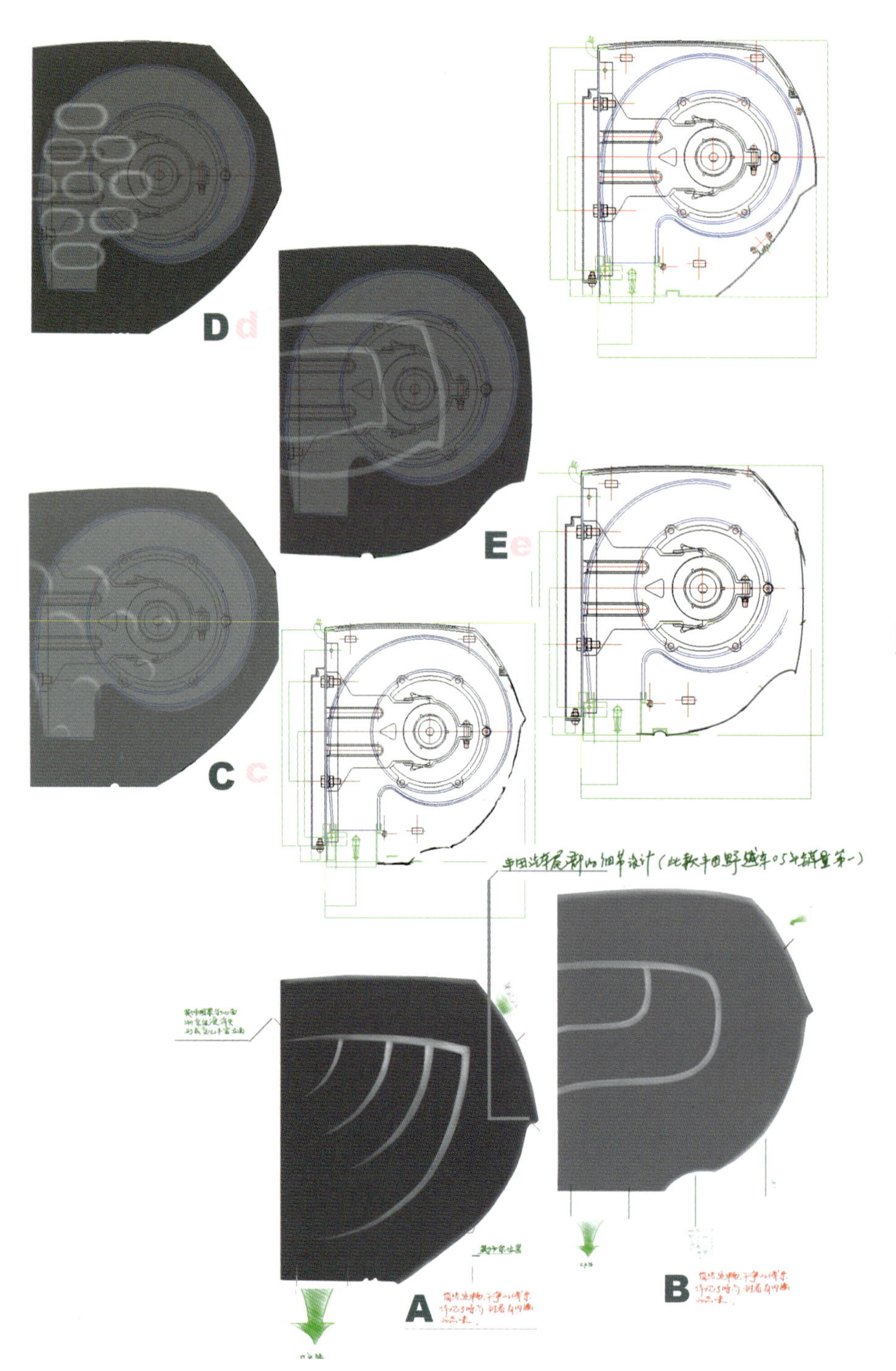

风帘机侧面设计

风帘机设计

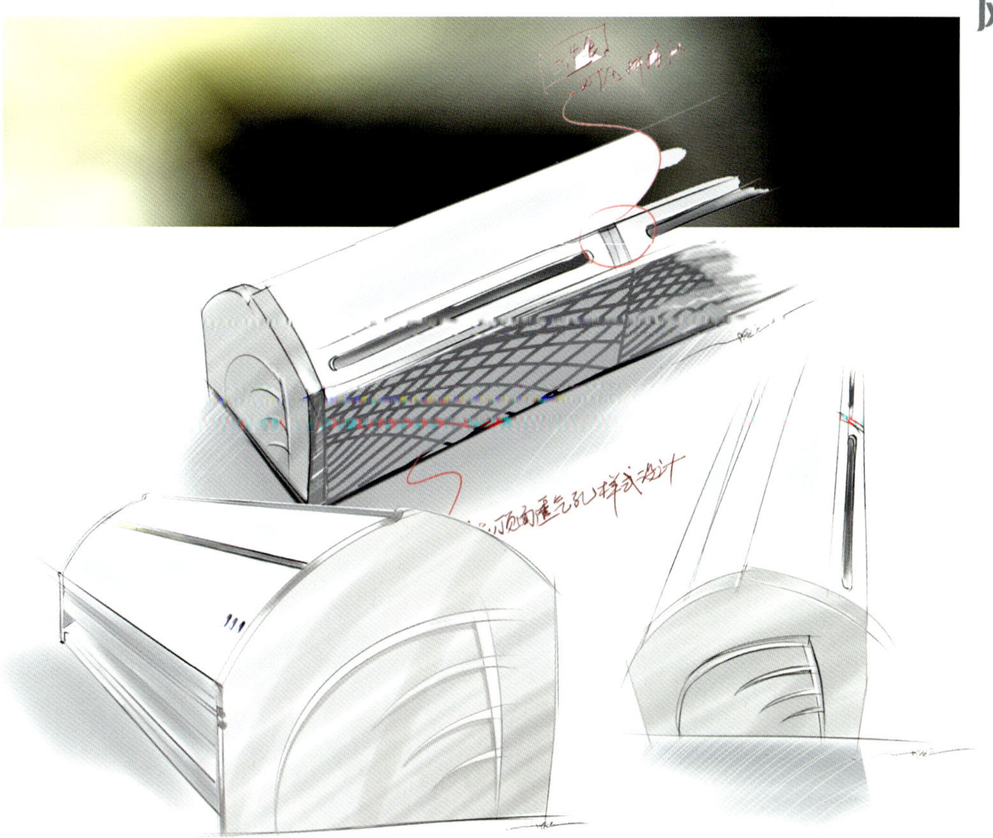

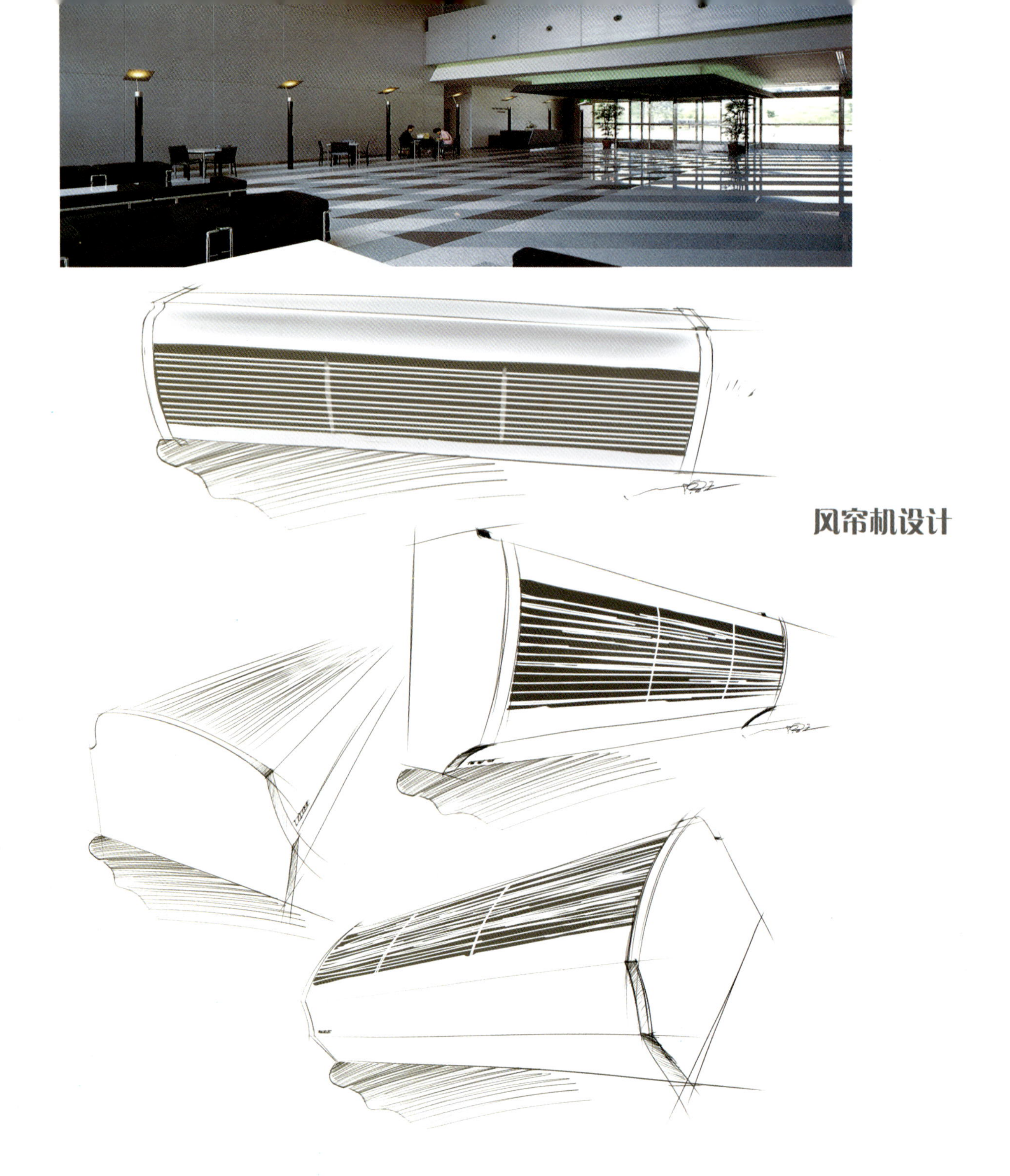

风帘机设计

风帘机设计

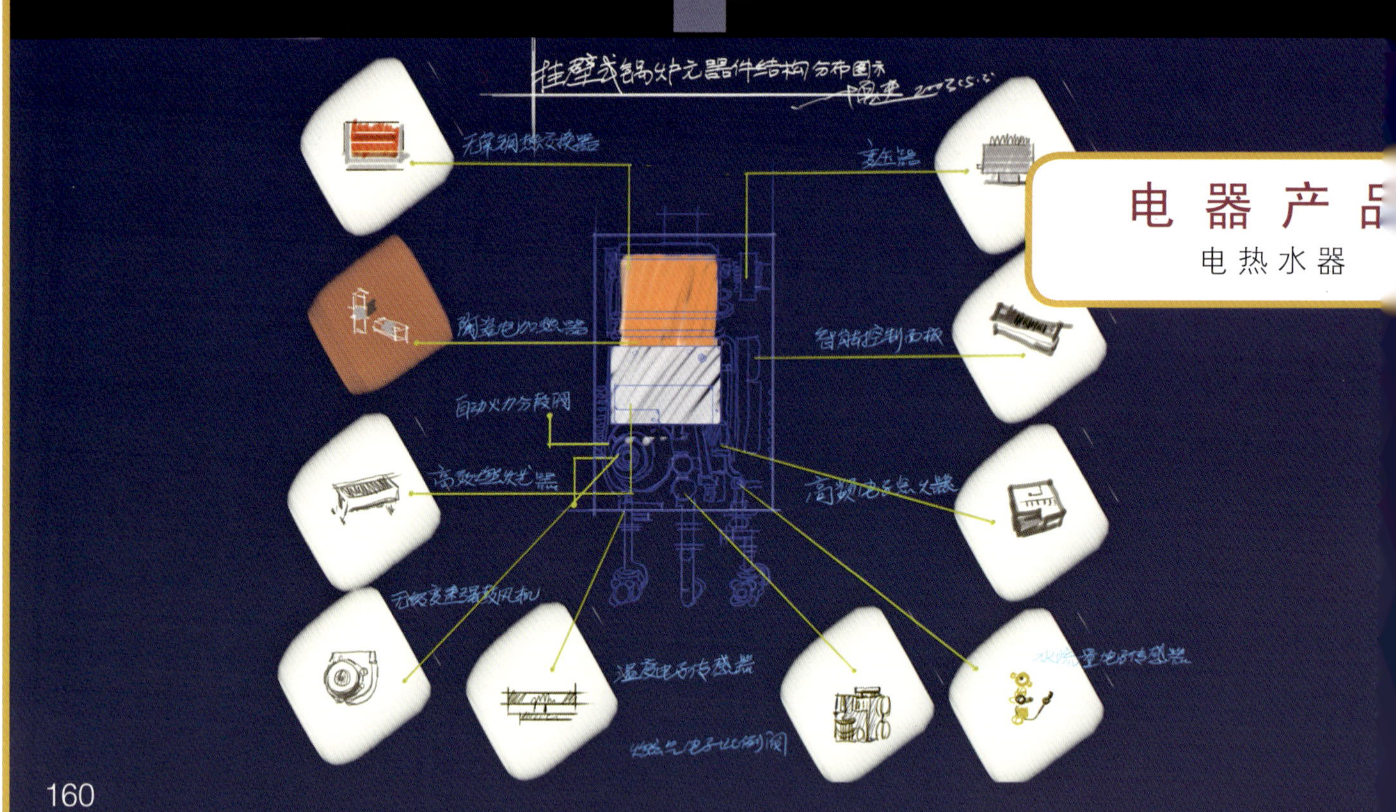
挂壁式锅炉元器件结构分布图示
变压器
陶瓷电加热器
智能控制面板
自动火力分段阀
高效燃烧器
高频电子点火器
温度电子传感器
水流量电子传感器
燃气电子比例阀

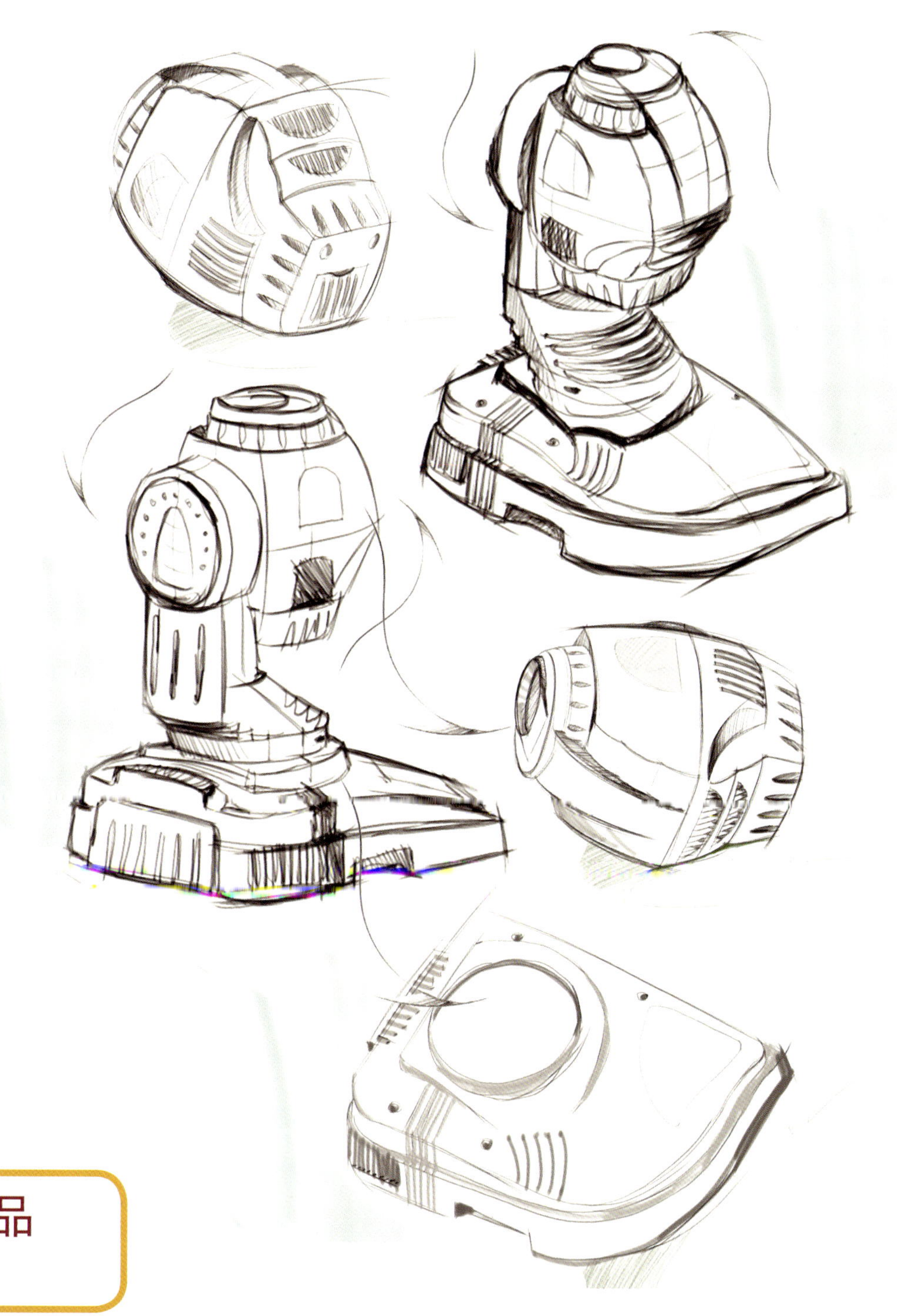

电器产品

舞台旋转灯

电器产品

变压器

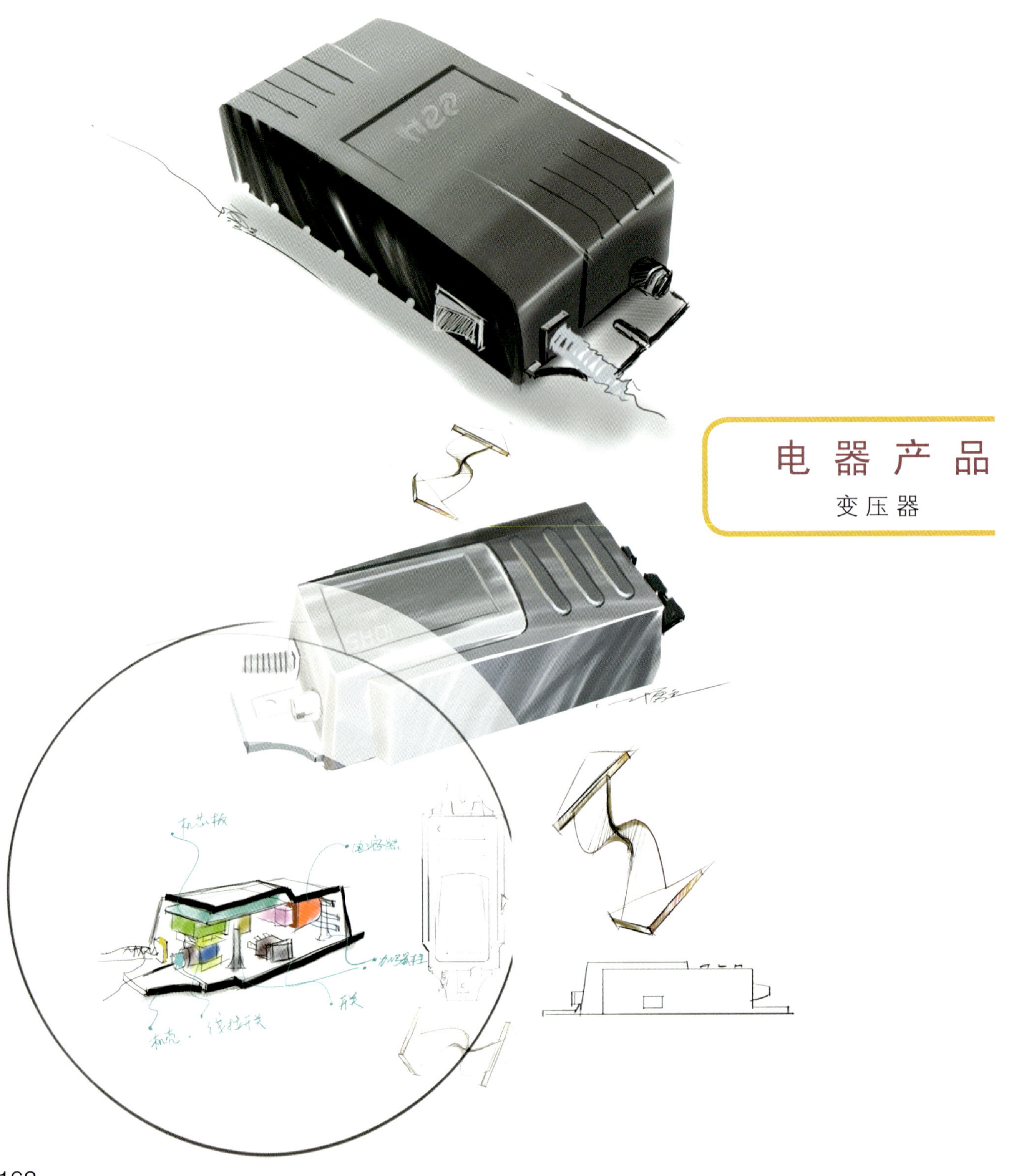

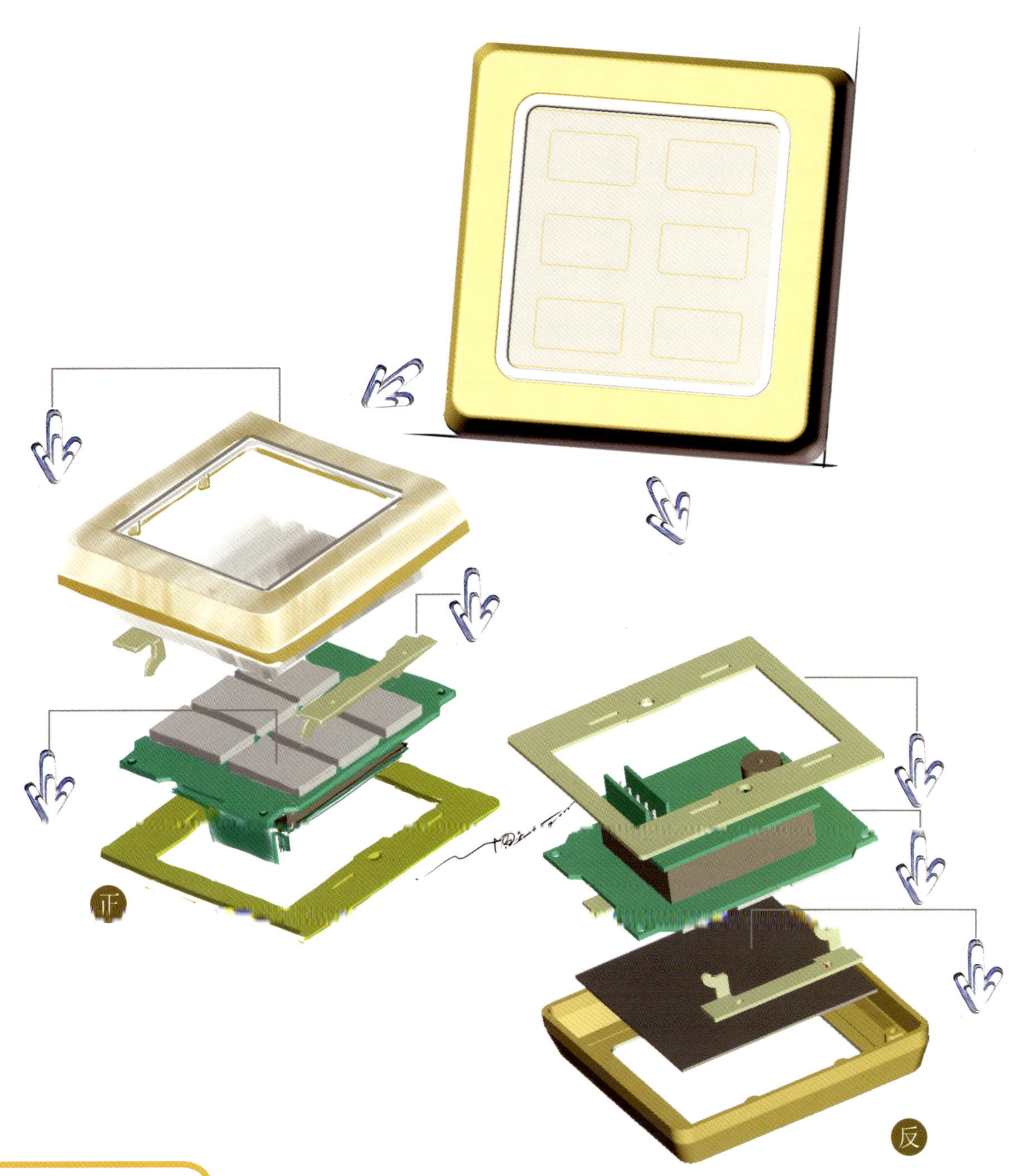

电器产品

床头控制器

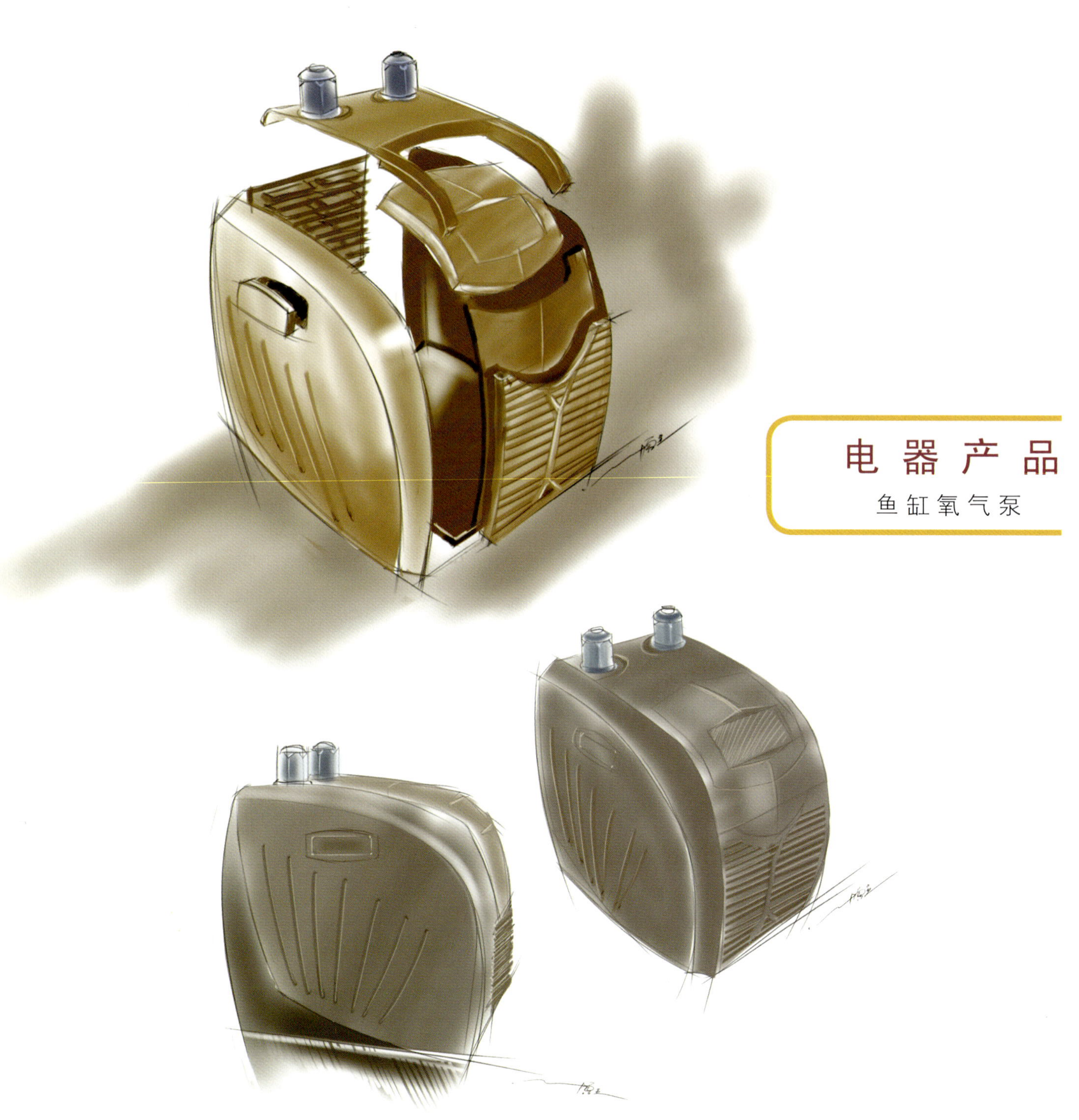

电器产品

鱼缸氧气泵

小夹子巧力设计过程

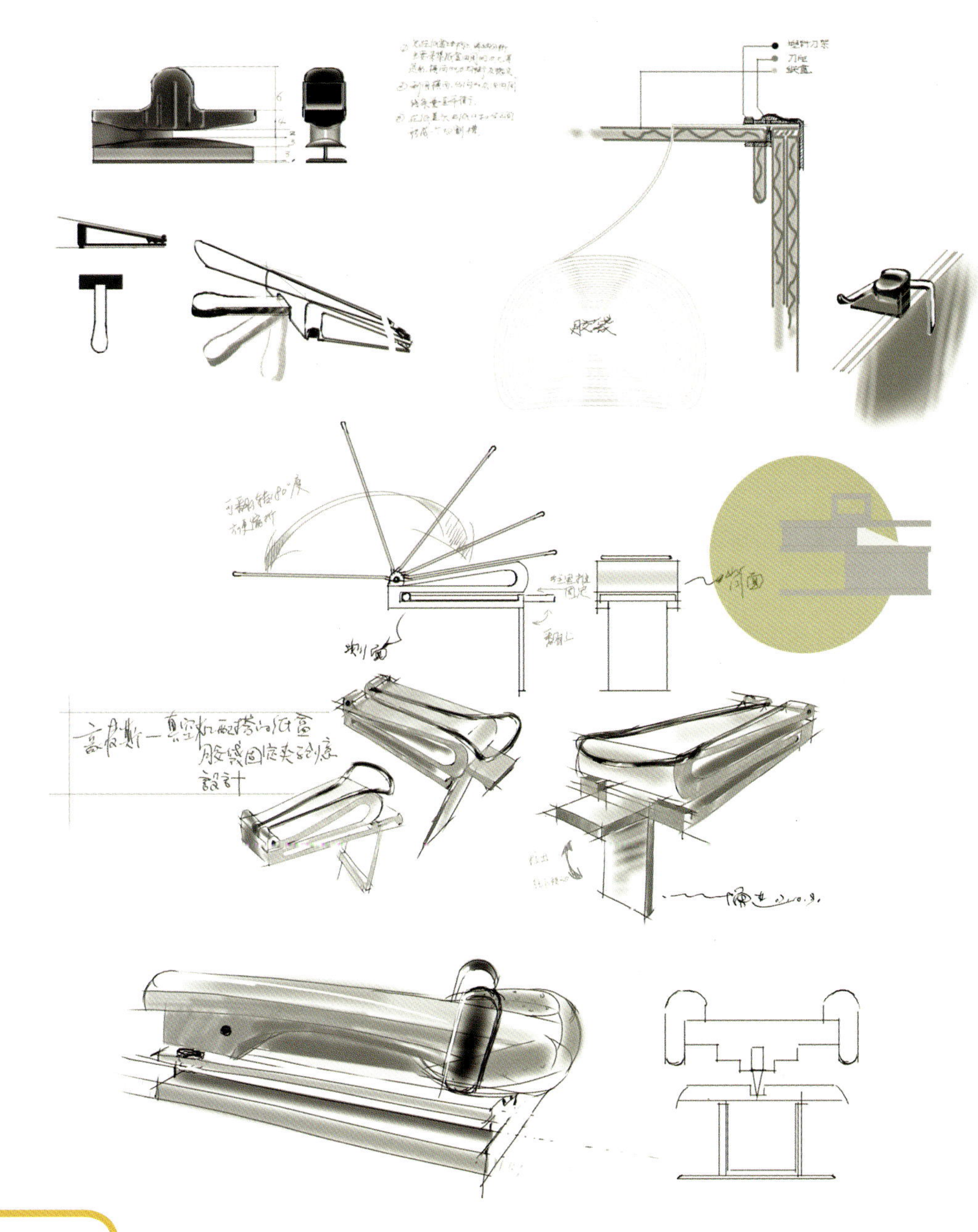

家居产品

小夹子

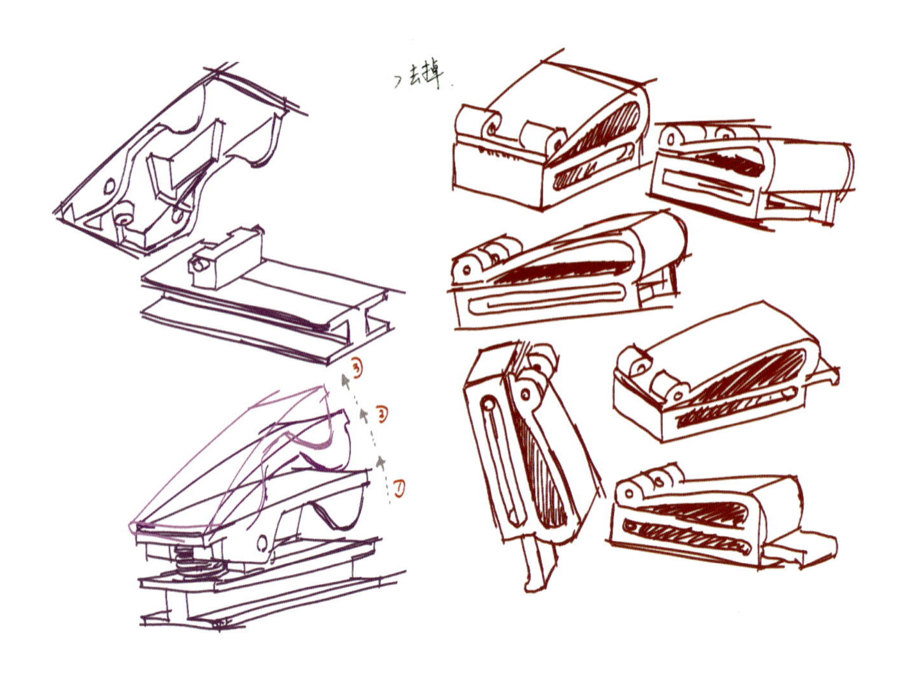

小夹子巧力设计过程

家居产品

小纸刀

小纸刀巧力设计过程

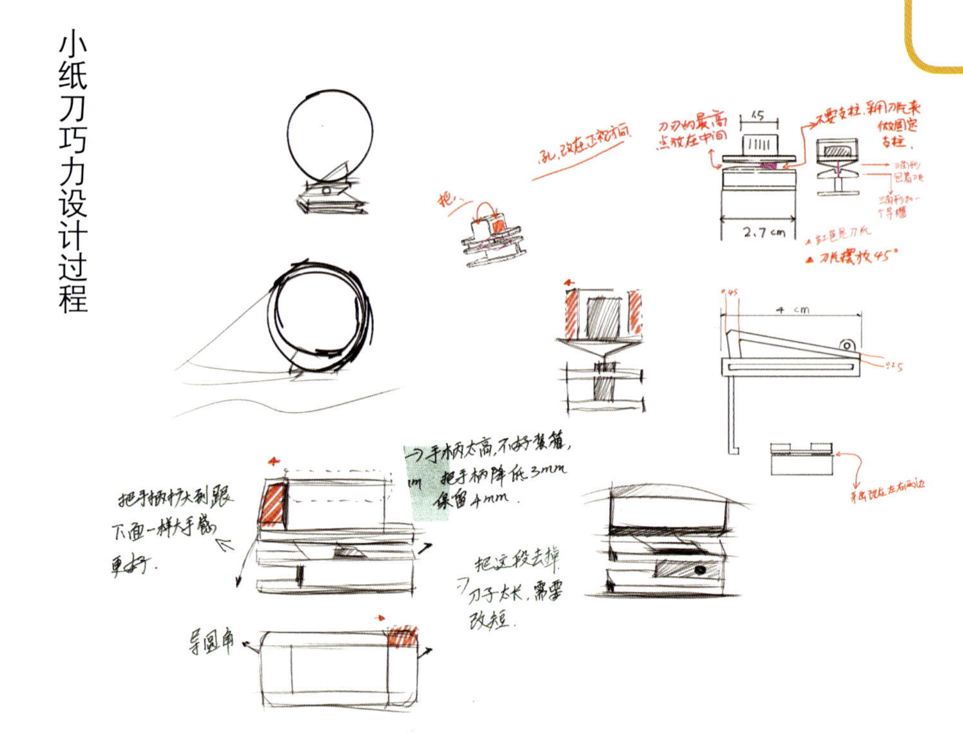

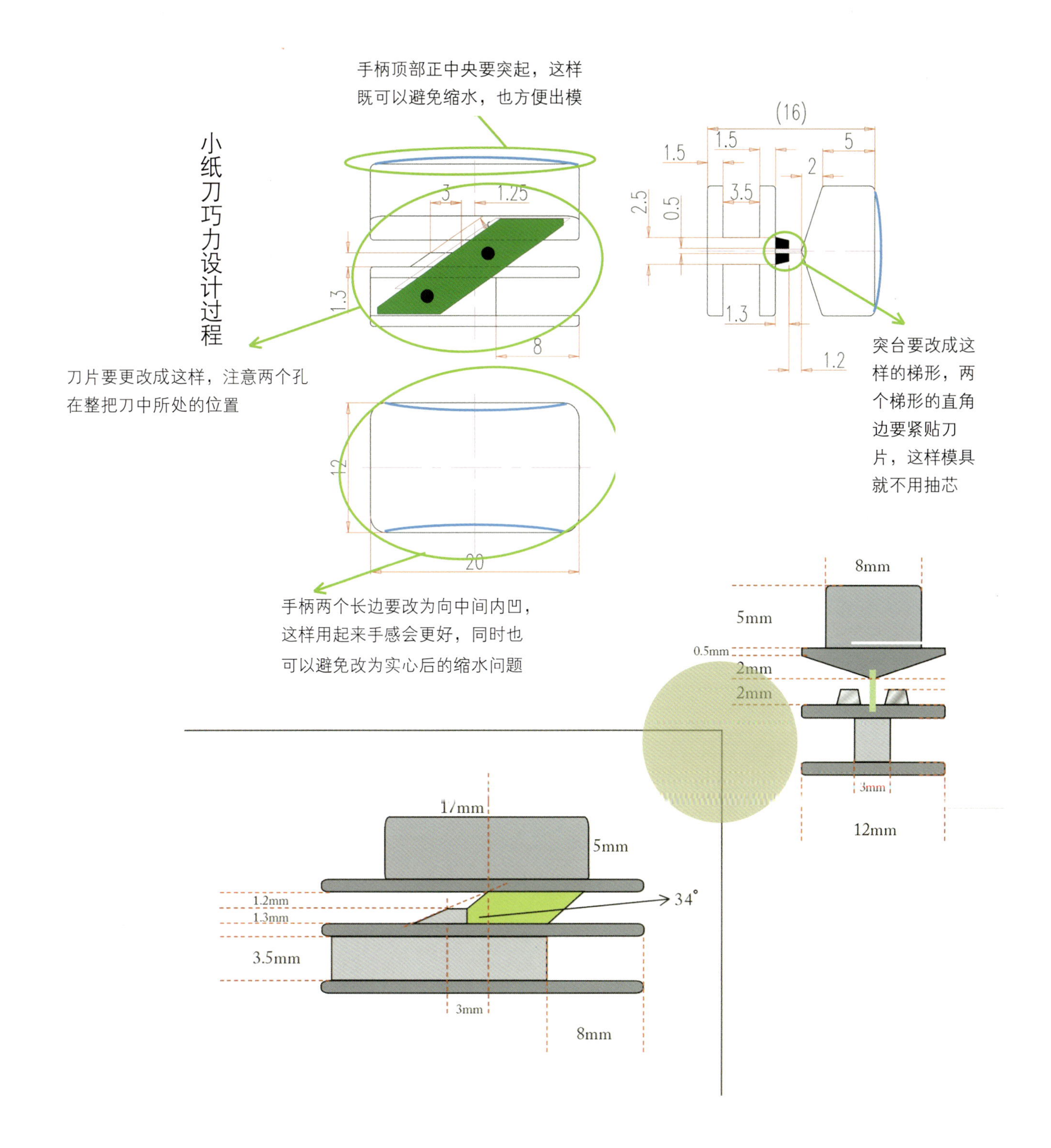
手柄顶部正中央要突起，这样
既可以避免缩水，也方便出模
小纸刀巧力设计过程
刀片要更改成这样，注意两个孔
在整把刀中所处的位置
突台要改成这
样的梯形，两
个梯形的直角
边要紧贴刀
片，这样模具
就不用抽芯
手柄两个长边要改为向中间内凹，
这样用起来手感会更好，同时也
可以避免改为实心后的缩水问题
(16)
1.5
1.5
5
2
3.5
2.5
0.5
1.3
1.2
3
1.25
1.3
8
12
20
8mm
5mm
0.5mm
2mm
2mm
3mm
12mm
17mm
5mm
1.2mm
1.3mm
34°
3.5mm
3mm
8mm

真空枪

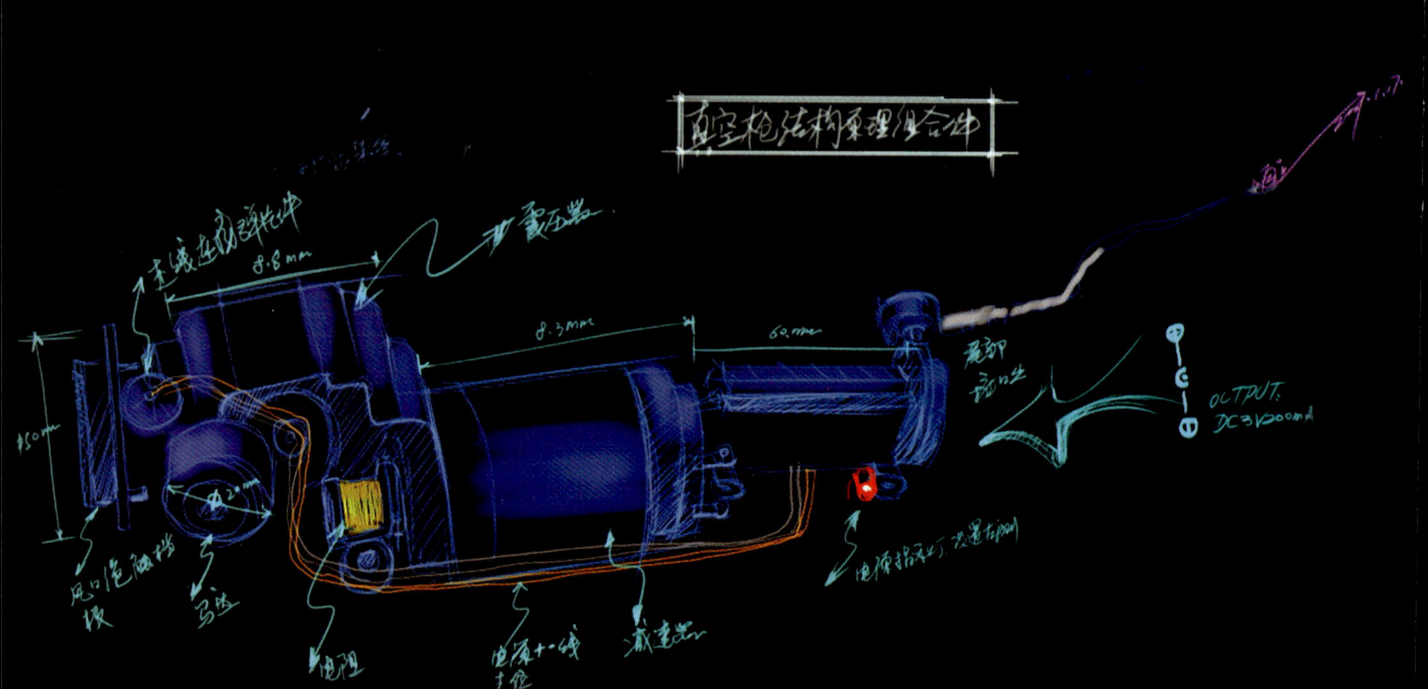

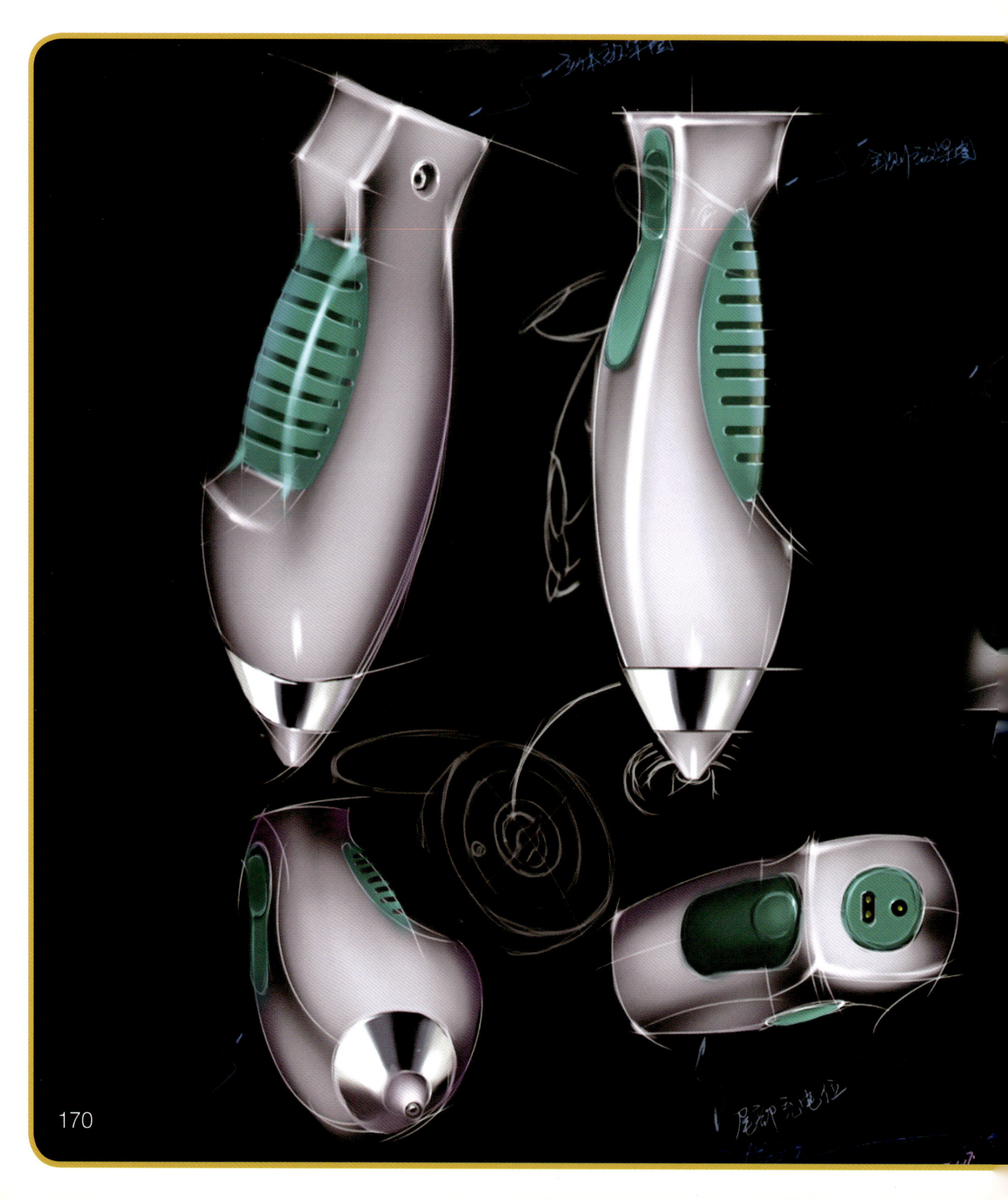
尾部充电位

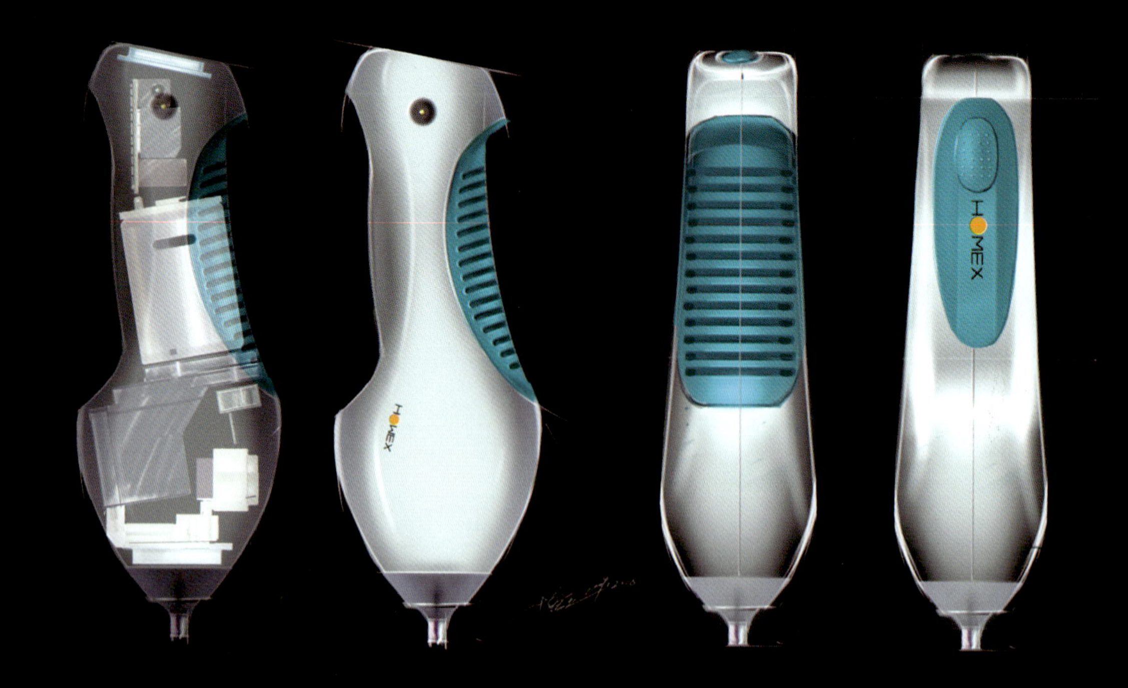

A

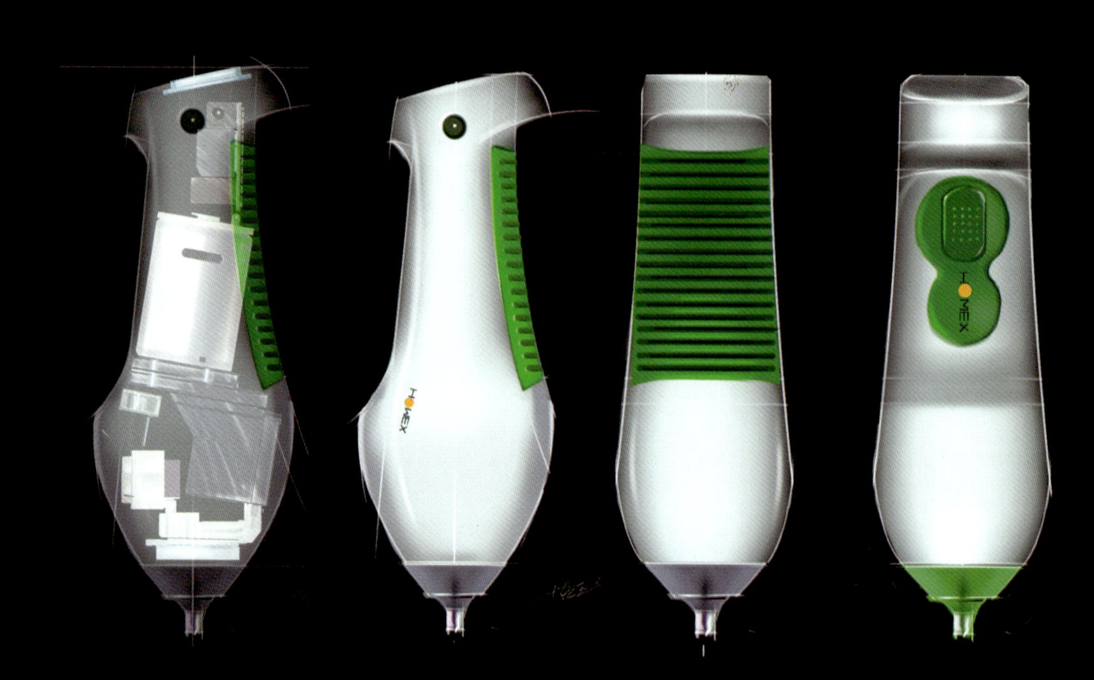

B

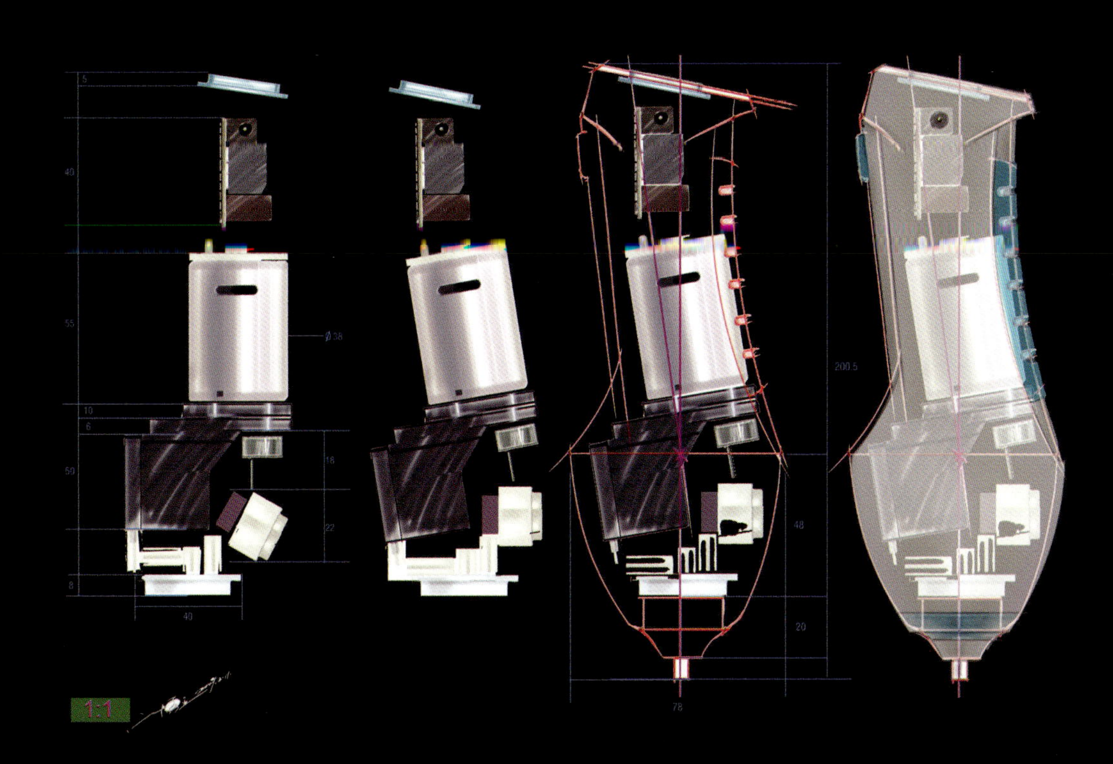
5
40
55
∅38
10
6
50
18
22
8
40
200.5
48
20
78
1:1

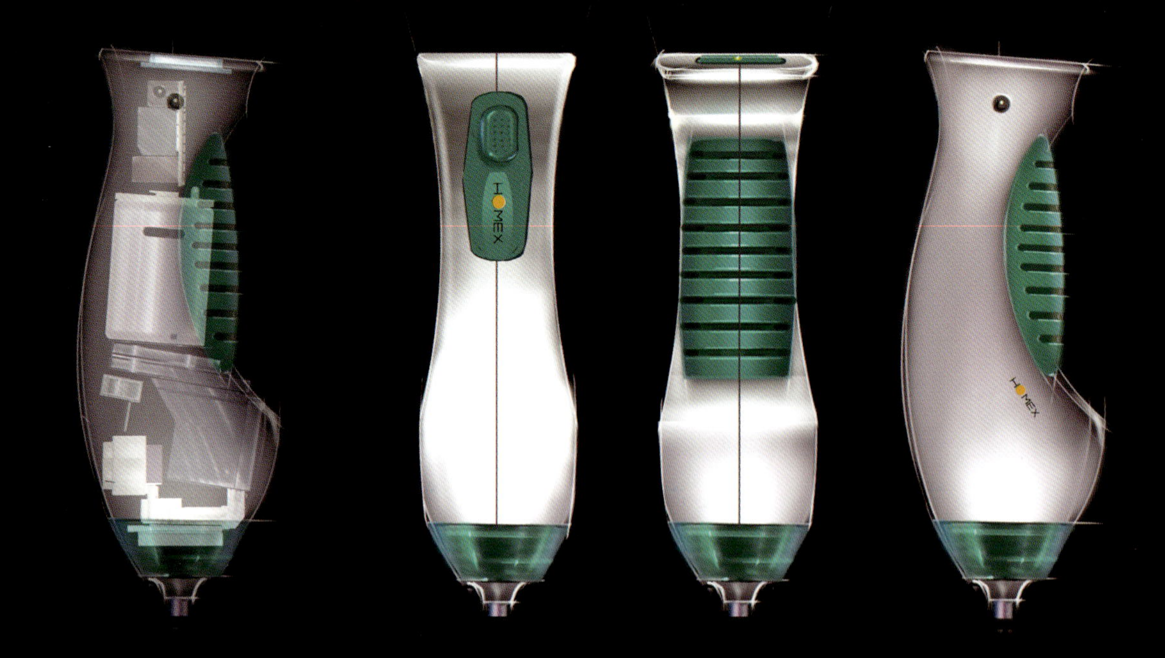

C

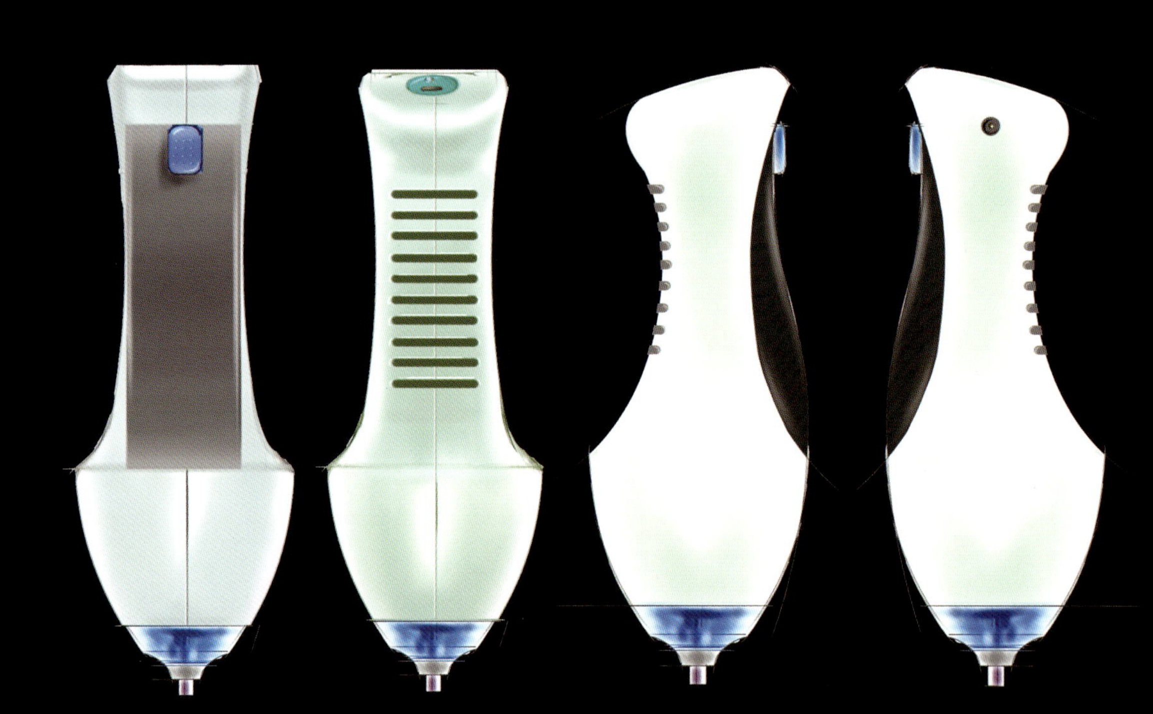

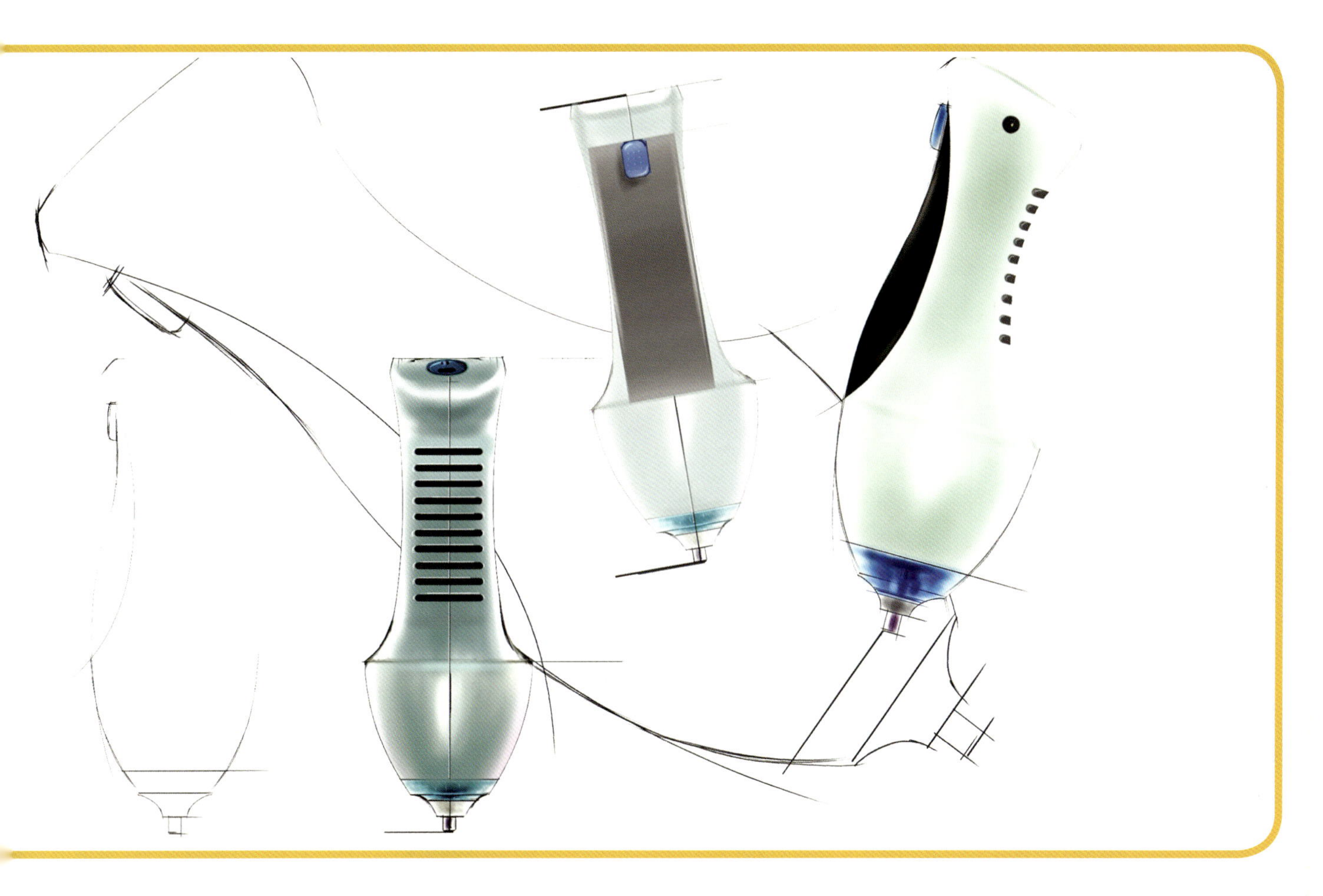

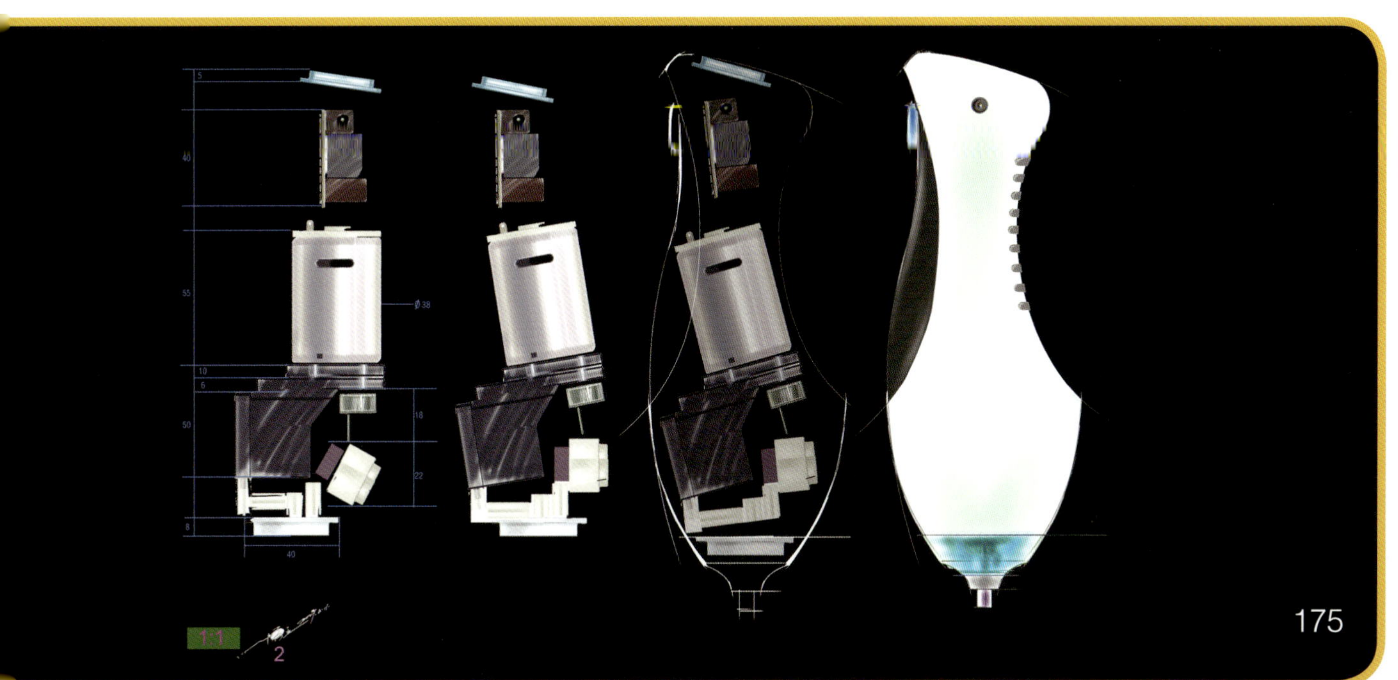
5
40
55
φ38
10
6
50
18
22
8
40
1:1
2

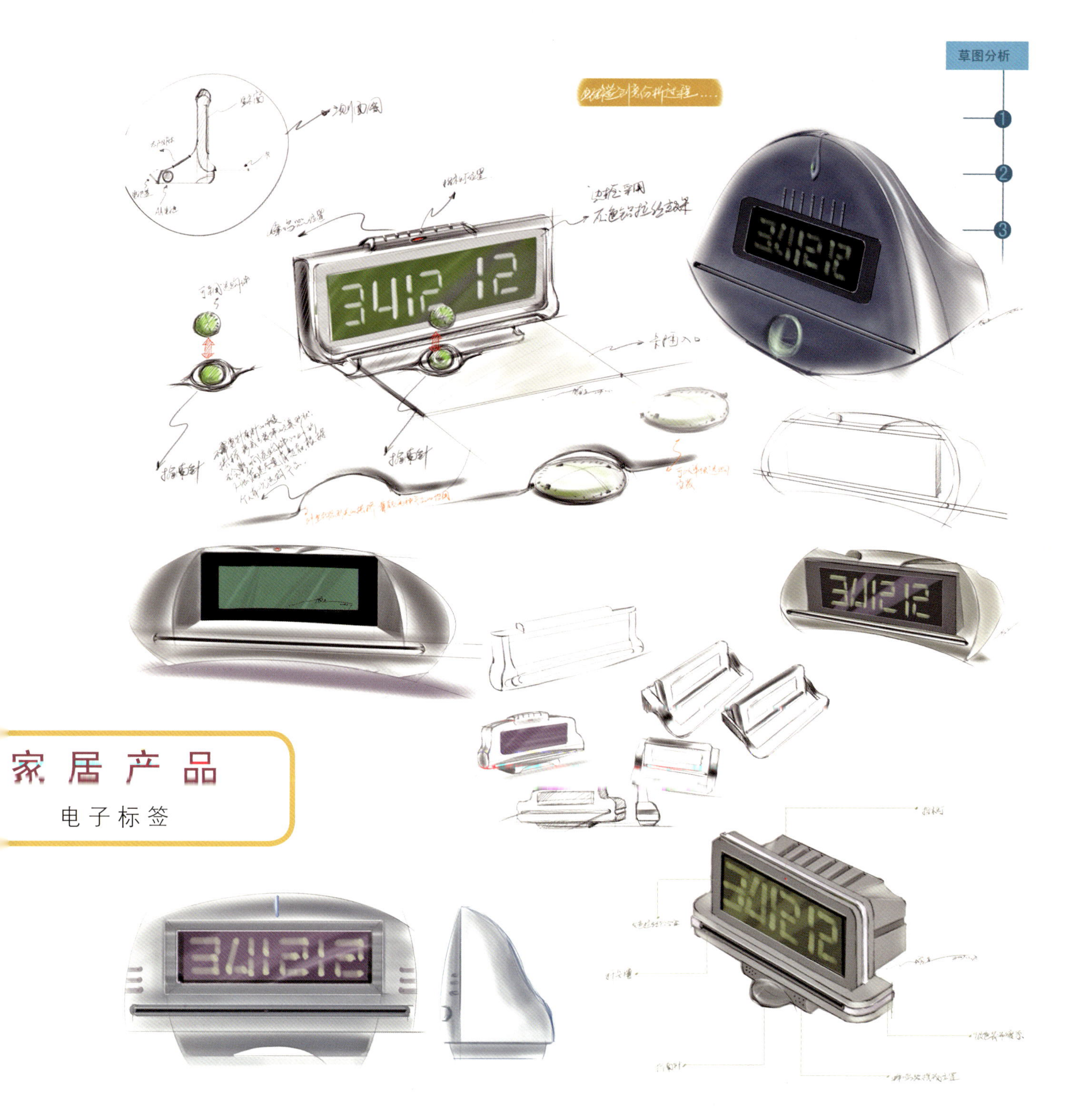
草图分析
家居产品
电子标签

图书在版编目（CIP）数据

产品创意设计中的电脑手绘表现/叶勇进编著．—北京：中国建筑工业出版社，2011.4
ISBN 978-7-112-13079-5

Ⅰ.①产… Ⅱ.①叶… Ⅲ.①产品设计：计算机辅助设计—技法（美术） Ⅳ.①TB472-39

中国版本图书馆CIP数据核字（2011）第053011号

责任编辑：李晓陶　陈小力
责任校对：王　颖　姜小莲

产品创意设计中的电脑手绘表现
product creative design of computer hand-painted performance
叶勇进　编著
*
中国建筑工业出版社出版、发行（北京西郊百万庄）
各地新华书店、建筑书店经销
北京三月天地科技有限公司制版
北京方嘉彩色印刷有限责任公司印刷
*
开本：889×1194 毫米　1/20　印张：9　字数：240千字
2011年6月第一版　2011年6月第一次印刷
定价：**68.00**元
ISBN 978-7-112-13079-5
(20484)